ISBN-13: 978-1975975050

ISBN-10: 1975975057

Derechos reservados
Safe Creative

Cómo escribir tus poesías  *Miguel D'Addario*

# Cómo escribir tus poesías
## Técnicas, métodos y recomendaciones

# Miguel D'Addario
## Autor

Cómo escribir tus poesías   Miguel D'Addario

Primera edición
CE
2017

Cómo escribir tus poesías  Miguel D'Addario

## Contenidos

**Introducción a la poesía / 13**
    Evolución histórica del término y el concepto / **14**
    Grecia
    Roma / **16**
    Historia / **18**
    Poesía china / **21**
    Poesía japonesa / **22**
    Poesía trovadoresca / **23**
    Versificación castellana
    Actualidad / **26**

**La vocación de escribir poesía / 29**
    Sensibilidad / **36**
    Imaginación y fantasía / **40**
    Utilidad de la poesía / **42**
    Escribir y redactar / **44**
    Secretos para escribir / **45**
    La buena puntuación / **47**
    Verso y poesía / **49**
    Métrica y rima / **51**
    Verso medido y verso libre / **53**
    El poema como forma y la poesía amorfa / **55**
    Temas en la poesía / **58**
    Poesía autobiográfica / **62**
    La inspiración / **64**
    Revistas y publicaciones literarias / **66**
    Crítica y autocrítica / **69**
    Método para autoevaluación de un poema / **71**
    Concursos literarios / **74**
    Libro de poemas / **77**
    El arte de titular / **80**
    Citas y epígrafes / **82**
    Dedicatorias / **84**
    Prólogos / **86**
    Rechaza la propaganda / **88**
    Seudónimos / **90**
    Lectura pública / **92**

**Ejercicio 1: Recursos para escribir / 95**

**Ejercicio 2: La interpretación** / 98

**Escribir poesía** / 99
    *La medida de los versos*
    *Recursos estilísticos* / **100**
    *Comparación o símil*
    *Metáfora* / **101**
    *Alegoría*
    *Elipsis*
    *Personificación* / **102**
    *Hipérbole*
    *Antítesis o contaste* / **103**
    *Paradoja*
    *Ironía*
    *Metonimia* / **104**
    *Hipérbaton*
    *Reduplicación*
    *Polisíndeton* / **105**
    *Asíndeton*
    *Anáfora*
    *Pleonasmo* / **106**
    *Epíteto*
    *Aliteración* / **107**

**La rima y la medida de los versos** / 108
    *La rima*
    *La rima en los versos puede ser de dos clases* / **109**
    *La medida de los versos*
    *Versos de arte mayor y de arte menor* / **111**
    *Los versos reciben nombre dependiendo del número de sílabas que tengan*
    *Medida de los versos* / **112**
    *La sinalefa*
    *El hiato* / **115**
    *Excepciones para la aplicación de la sinalefa* / **117**
    *La diéresis (o dialefa)* / **118**
    *La sinéresis*
    *Cuando termina en palabra aguda* / **119**
    *Cuando termina en palabra esdrújula*

**Tipos de Poemas** / 120
    *Ejemplos de Tipo de poemas*
    *Soneto*

Cómo escribir tus poesías  Miguel D'Addario

    *Terceto. Cuarteta. Lira /* **121**
    *Romance /* **122**
    *Décima /* **124**
    *Oda*
    *Acróstico /* **125**
    *Caligrama /* **126**
    *Copla*
    *Égloga /* **127**
    *Elegía /* **128**
    *Epigrama /* **129**
    *Epitafio*
    *Himno*
    *Haiku /* **130**
    *Prosa poética*
    *El perro y el frasco /* **131**
    *Greguerías*
    *Refrán /* **132**
    *¿Qué es un poema o texto poético? /* **133**
    *Características del poema o texto poético /* **134**

**Cómo hacer un poema o texto poético en 6 pasos** / *136*

**Tipos de estrofas y poemas** / *139*
    *Poemas cortos*
    *Clases de estrofas*
    *Pareado /* **140**
    *Terceto*
    *Estrofas de cuatro versos /* **141**
    *Estrofas de cinco versos /* **142**
    *Estrofas de seis versos /* **143**

**Ejercicio 3: Listas de aliteraciones y asonancias** / *145*

**Ejercicio 4: Metáforas y símiles para la vida** / *146*

**Ejercicio 5: Letras y musicalidad** / *148*

**Ejercicio 6: Escritura de palabras** / *149*

**Ejercicio 7: Lista de palabras** / *150*

**Ejercicio 8: Ejercicio de métrica** / *152*

**Cómo escribir tus poesías**     *Miguel D'Addario*

**Ejercicio 9: Mapa guía para escribir un poema** / *158*

**Ejercicio 10: Escribe un soneto** / *159*

**Ejercicio 11: Escribe una Oda** / *160*

**Ejercicio 12: Escribir un romance** / *161*

**Ejercicio 13: Crear poemas a partir de ejemplos dados** / *162*

**Recomendaciones para escribir poesía** / *164*
    *Tener clara la meta* / **165**
    *Evitar clichés*
    *Cómo preparar datos para hacer el primer borrador* / **166**
    *Claves para empezar a escribir. Usar imágenes*
    *Usar metáforas y símiles* / **167**
    *Concreto mejor que abstracto. Posicionarse* / **168**
    *Altera lo ordinario* / **169**
    *Usar la rima con precaución*
    *Revisar* / **170**
    *Lee y escucha poesía* / **172**
    *Esclarece tus razones* / **173**
    *Juega con las contradicciones*
    *Si un poema no es dulce, es demasiado soberbio* / **174**
    *Recurre a los grandes*
    *Estribillo* / **175**

**¿Así que quieres ser escritor? Charles Bukowski** / *176*

**Consejos de Edgar Allan Poe** / *178*
*7 consejos de Edgar Allan Poe para escribir historias y poemas*
    *Pon un final antes de comenzar a escribir*
    *Sea breve* / **180**
    *Decide sobre el efecto deseado*
    *Elige el tono de la obra*
    *Determina el tema y la caracterización de la obra* / **181**
    *Establece el clímax. Determina el escenario*

**Cómo escribir, por Umberto Eco** / *183*

**Anexo: Glosario de términos literarios** / *188*

**Bibliografía** / *237*

## Autor

*Miguel D'Addario es Italiano, nació en Buenos Aires.*

*Licenciado en Periodismo, Máster en Educación Social, Máster en Sociología y Doctorado en Comunicación Social por la Universidad Complutense de Madrid. Ha desarrollado su experiencia en diversos campos de la docencia, desde la Formación Profesional hasta el nivel Universitario, tanto en Iberoamérica como en Europa.*

*Sus libros se encuentran en diferentes centros de estudios y bibliotecas del mundo, como por ejemplo la Universidad San Pablo de Perú, Universidad de Santo Domingo la República Dominicana, Universidad de San Gregorio de Ecuador, Universitat de Valencia, Biblioteca Nacional de España, Biblioteca Nacional de Argentina, Universidad de Texas, Universidad Complutense de Madrid, Universidad de Toronto, Canadá, Universidad de Deusto, Universidad Nacional Autónoma de México, Universidad Nacional Mayor de San Marcos (Perú), Universidad de Illinois, Universidad de Kansas, Bibliotecas de la Comunidad de Madrid, Castilla y león, Andalucía, y País Vasco,*

Biblioteca Nacional Británica, Universidad de Harvard, Biblioteca del Congreso de los Estados Unidos.

PhD y ensayista, ha recibido premios y menciones de Asociaciones de escritores, Centros Culturales, Universidades, y sedes afines. Igualmente como Ponente, Conferenciante e Investigador, en Universidades, Centros educacionales, públicos y privados.

Autor de libros artísticos: Poesía, Cuento y Relatos.

Autor de libros educativos, de variados niveles y temarios.

Autor de libros de filosofía, ontología y metafísica.

Autor de libros de Autoayuda y Coaching.

Sus libros están distribuidos en los cinco Continentes, son de consulta asidua en Bibliotecas del mundo, y se encuentran inscritos en los catálogos, ISBNs y bases bibliográficas Internacionales.

Son traducidos a múltiples idiomas y pueden encontrarse en los bookstores internacionales, tanto en formato papel como en versión electrónica.

Webs donde conocer y/o adquirir otras obras del autor:

http://migueldaddariobooks.blogspot.com

## Introducción a la poesía

La poesía (del griego ποίησις 'acción, creación; adopción; fabricación; composición, poesía; poema' < ποιέω 'hacer, fabricar; engendrar, dar a luz; obtener; causar; crear') es un género literario considerado como una manifestación de la belleza o del sentimiento estético por medio de la palabra, en verso o en prosa. Los griegos entendían que podría haber tres tipos de poesía, la lírica o canción cantada con acompañamiento de lira o arpa de mano, que es el significado que luego se generalizó para la palabra, incluso sin música; la dramática o teatral y la épica o narrativa. Por eso se suele entender generalmente hoy como poesía la poesía lírica. También es encuadrable como una «modalidad textual» (esto es, como un tipo de texto).

Es frecuente, en la actualidad, utilizar el término «poesía» como sinónimo de «poesía lírica» o de «lírica», aunque, desde un punto de vista histórico y cultural, esta es un subgénero o subtipo de la poesía.

*Evolución histórica del término y el concepto*
*Grecia*

Originalmente en las primeras reflexiones occidentales sobre la literatura, las de Platón, la palabra griega correspondiente a «poesía» abarcaba el concepto actual de literatura. El término «poiesis» significaba «hacer», en un sentido técnico, y se refería a todo trabajo artesanal, incluido el que realizaba un artista. Tal artista es el ποιητής (poietés) 'creador, autor; fabricante, artesano; hacedor, legislador; poeta', entre las múltiples traducciones que otorga la palabra. Consecuentemente, «poiesis», era un término que aludía a la actividad creativa en tanto actividad que otorga existencia a algo que hasta entonces no la tenía. Aplicado a la literatura, se refería al arte creativo que utilizaba el lenguaje antiguo.

La poesía griega se caracterizaba porque se trataba de una comunicación no destinada a la lectura, sino a la representación ante un auditorio realizada por un individuo o un coro con acompañamiento de un instrumento musical.

En su obra La República, Platón establece tres tipos de «poesía» o subgéneros: la poesía imitativa, la poesía no imitativa y la épica. Dado que la reflexión literaria de Platón se halla en el interior de otra mucho más amplia, de dimensiones metafísicas, el criterio que usa el filósofo griego para establecer esta triple distinción no es literario, sino filosófico. Platón, en primer lugar, describe la creación dramática, el teatro, como «poesía imitativa» en tanto que el autor no habla en nombre propio, sino que hace hablar a los demás; describe, por su parte, como «poesía no imitativa» a aquella obra donde el autor sí habla en nombre propio, aludiendo en concreto al ditirambo, una composición religiosa en honor de Dionisos; por último, establece un tercer tipo de poesía en el que la voz del autor se mezclaría con la de los demás, los personajes, y ahí es donde sitúa a la épica.

De esta primera clasificación platónica, se desprende el origen de la vinculación del género poético con la característica enunciativa de la presencia de la voz del autor. Por lo demás, el uso del verso no es en estos momentos relevante, por cuanto la literatura antigua se componía siempre en verso (incluido el teatro).

Como se ha señalado, Platón trata la literatura en el contexto de su tratamiento de determinados problemas filosóficos. Será Aristóteles quien, por primera vez, afrontaría la elaboración de una teoría literaria independiente. La obra clave es su Poética (c. 334 a. C.), esto es, su obra sobre la poesía.

Aristóteles introduce, en primer lugar, un elemento novedoso en la descripción de la poesía, al tener en cuenta que, al lado del lenguaje (el «medio de imitación» característico de la poesía), en determinadas formas de esta se pueden utilizar, además, otros medios como la armonía y el ritmo. Así, en los géneros dramáticos, la poesía mélica y los ditirambos.

Y, en segundo lugar, cuando reflexiona sobre la forma de imitación, distingue entre narración pura o en nombre propio (ditirambo) y narración alternada (épica), llegando a una división similar a la que había establecido Platón.

*Roma*

Es una de las manifestaciones artísticas más antiguas. La poesía se vale de diversos artificios o procedimientos: a nivel fónico-fonológico, como el sonido; semántico y sintáctico, como el ritmo; o del encabalgamiento de las palabras, así como de la amplitud de significado del lenguaje.

Para algunos autores modernos, la poesía se verifica en el encuentro con cada lector, que otorga nuevos sentidos al texto escrito. De antiguo, la poesía es también considerada por muchos autores una realidad espiritual que está más allá del arte; según esta concepción, la calidad de lo poético trascendería el ámbito de la lengua y del lenguaje. Para el común, la poesía es una forma de expresar emociones, sentimientos, ideas y construcciones de la imaginación.

Aunque antiguamente, tanto el drama como la épica y la lírica se escribían en versos medidos, el término poesía se relaciona habitualmente con la lírica, que, de acuerdo con la Poética de Aristóteles, es el género en el que el autor expresa sus sentimientos y visiones personales. En un sentido más extenso, se dice que tienen «poesía» situaciones y objetos que inspiran sensaciones arrobadoras o misteriosas, ensoñación o ideas de belleza y perfección. Tradicionalmente referida a la pasión amorosa, la lírica en general, y especialmente la contemporánea, ha abordado tanto cuestiones sentimentales como filosóficas, metafísicas y sociales.

Sin especificidad temática, la poesía moderna se define por su capacidad de síntesis y de asociación. Su principal herramienta es la metáfora; es decir, la expresión que contiene implícita una comparación entre términos que naturalmente se sugieren unos a los otros, o entre los que el poeta encuentra sutiles afinidades. Algunos autores modernos han diferenciado metáfora de imagen, palabras que la retórica tradicional emparenta. Para esos autores, la imagen es la construcción de una nueva realidad semántica mediante significados que en conjunto sugieren un sentido unívoco y a la vez distinto y extraño.

*Historia*

Hay testimonios de lenguaje escrito en forma de poesía en jeroglíficos egipcios de 25 siglos antes de Cristo. Se trata de cantos de labor y religiosos. El Poema de Gilgamesh, obra épica de los sumerios, fue escrito con caracteres cuneiformes y sobre tablas de arcilla unos 2000 años antes de Cristo. Los cantos de la Ilíada y la Odisea, cuya composición se atribuye a

Homero, datan de ocho siglos antes de la era cristiana. Los Veda, libros sagrados del hinduismo, también contienen himnos y su última versión se calcula fue redactada en el siglo III a. C. Por estos y otros textos antiguos se supone justificadamente que los pueblos componían cantos que eran trasmitidos oralmente. Algunos acompañaban los trabajos, otros eran para invocar a las divinidades o celebrarlas y otros para narrar los hechos heroicos de la comunidad. Los cantos homéricos hablan de episodios muy anteriores a Homero y su estructura permite deducir que circulaban de boca en boca y que eran cantados con acompañamiento de instrumentos musicales. Homero menciona en su obra la figura del aedo (cantor), que narraba sucesos en verso al compás de la lira. El ritmo de los cantos no solo tenía la finalidad de agradar al oído, sino que permitía recordar los textos con mayor facilidad.

La poesía lírica tuvo expresiones destacadas en la antigua Grecia. El primer poeta que escogió sus motivos en la vida cotidiana, en el período posterior a la vida de Homero, fue Hesíodo, con su obra Los trabajos y los días. A unos 600 años antes de Cristo se remonta la poesía de Safo, poeta nacida en la isla de Lesbos, autora de odas celebratorias y canciones nupciales (epitalamios), de las que se conservan fragmentos. Anacreonte, nacido un siglo después, escribió breves piezas, en general dedicadas a celebrar el vino y la juventud, de las que sobrevivieron unas pocas. Calino de Éfeso y Arquíloco de Paros crearon el género elegíaco, para cantar a los difuntos. Arquíloco fue el primero en utilizar el verso yámbico (construido con «pies» de una sílaba corta y otra larga). También escribió sátiras. En el siglo V a. C. alcanzó su cima la lírica coral, con Píndaro. Se trataba de canciones destinadas a los vencedores de los juegos olímpicos.

Roma creó su poesía basándose en los griegos. La Eneida, de Virgilio, se considera la primera obra maestra de la literatura latina, y fue escrita pocos años antes de la era cristiana, al modo de los cantos épicos griegos, para narrar las peripecias de Eneas, sobreviviente de la guerra de Troya, hasta que llega a Italia. La edad de oro de la poesía latina es la de Lucrecio y Catulo, nacidos en el siglo I a. C., y de Horacio (maestro de la oda), Propercio y Ovidio. Catulo dedicó toda su poesía a una amada a la que llamaba Lesbia. Sus poemas de amor, directos, simples e intensos, admiraron a los poetas de todos los tiempos.

*Poesía china*

En la poesía china se cultivaron especialmente los versos pentasílabos y heptasílabos, que en el caso de la lengua china corresponden a versos de cinco y siete sinogramas respectivamente, puesto que cada sinograma representa una sílaba. Las formas poéticas más cultivadas fueron especialmente los Lüshi (律詩, poemas de ocho versos) y los Jueju (絕句, poemas de cuatro versos). Se compiló una recopilación de poemas titulada Todos los poemas de la Dinastía Tang (全唐詩) con más de 48 900 poemas de más de 2200 autores. Entre los poetas más destacados se encuentran Li Bai (李白), Du Fu (杜甫) y Bai Juyi (白居易).

Una importantísima corriente literaria de la época Tang es el Movimiento por la lengua antigua (古文運動). Los partidarios de dicho movimiento propugnaban un retorno el estilo literario de la época Han y anterior, que era más claro y preciso, menos artificioso que el que imperaba en aquel momento. Muchos literatos adeptos fueron destacados ensayistas. Entre ellos destacan Han Yu y Liu Zongyuan. Han Yu era considerado el mejor escritor chino de todos los tiempos por el renombrado orientalista Arthur Weasley.

Junto con Ouyang Xiu 歐陽修 Su Xun 蘇洵 Su Shi 蘇軾 Su Zhe 蘇轍 Wang Anshi 王安石 Zeng Gong 曾鞏 son conocidos como los ocho maestros de la prosa china.

*Poesía japonesa*

La poesía lírica japonesa, de gran influencia en Europa en el siglo XX, se remonta al siglo VIII d. C. y una de sus formas más populares es el haiku, una composición de tres versos de cinco, siete y cinco sílabas, en la que una imagen visual se contrasta con otra, sin comentarios, o a una imagen sigue una reflexión concisa y a la vez fugaz. El haiku, utilizado por el budismo zen para trasmitir sus enseñanzas, influyó en poetas vanguardistas del siglo XX, como el estadounidense Ezra Pound. Se le llama haikú a la primera estrofa de una variante métrica llamada tanka.

*Poesía trovadoresca*

La poesía trovadoresca y galante se originó en la Provenza, al sur de Francia, y fue el antecedente de la riquísima producción de los poetas italianos del siglo XIII, como Dante Alighieri y Guido Cavalcanti. Poco más tarde, Petrarca llevó a su máxima expresión el llamado dolce stil nuovo (dulce estilo nuevo), con su poesía amorosa dedicada a su amada Laura.

*Versificación castellana*

El arte de combinar rítmicamente las palabras no es lo único que distingue a la poesía de la prosa, pero hasta mediados del siglo XIX constituía la mejor forma de diferenciar ambos usos del lenguaje. La versificación tiene en cuenta la extensión de los versos, la acentuación interna y la organización en estrofas.

La rima (coincidencia de las sílabas finales en versos subsiguientes o alternados) es otro elemento del ritmo, igual que la aliteración, que es la repetición de sonidos dentro del verso, como en este de Góngora: «infame turba de nocturnas aves», donde se repite el sonido ur y también se juega una rima asonante en el interior del verso entre infame y ave. La rima es consonante cuando coinciden en dos o más versos próximos todos los fonemas a partir de la vocal de la sílaba tónica. Se llama asonante cuando solo coinciden las vocales.

La poesía en lengua castellana se mide según el número de sílabas de cada verso, a diferencia de la poesía griega y de la latina, que tienen por unidad de medida el pie, combinación de sílabas cortas y largas (el yambo, la combinación más simple, es un pie formado por una sílaba corta y otra larga). En la poesía latina los versos eran frecuentemente de seis pies.

Por el número de sílabas, hay en la poesía en lengua castellana versos de hasta 14 sílabas, los alejandrinos. Es muy frecuente el octosílabo en la poesía popular, sobre todo en la copla. Las coplas de Manrique se basan en el esquema de versos octosílabos, aunque a veces son de siete, rematados por un pentasílabo. A esta forma se le llama «copla de pie quebrado». La irregularidad silábica es frecuente, incluso en la poesía tradicional. Por ejemplo, en poesías de versos de once sílabas se pueden encontrar algunos de diez o de nueve.

Las estrofas (grupos de versos) regulares, de dos, cuatro, cinco y hasta ocho versos o más corresponden a las formas más tradicionales. El soneto, una de las más difíciles formas clásicas, se compone de catorce versos, generalmente endecasílabos (once sílabas), divididos en dos cuartetos y dos tercetos (estrofas de cuatro y de tres versos), con distintas formas de alternar las rimas.

La alternancia de sílabas tónicas (acentuadas) y átonas (sin acento) contribuye mucho al ritmo de la poesía. Si los acentos se dan a espacios regulares (por ejemplo, cada dos, tres o cuatro sílabas), esto refuerza la musicalidad del poema. Mantenida esta regularidad a lo largo de todo un poema, se logra un efecto muy semejante al del compás musical.

La poesía del siglo XX ha prescindido en ocasiones de la métrica regular y, sobre todo, de la rima. Sin embargo, la aliteración, la acentuación y, a veces, la rima asonante, mantienen la raíz musical del género poético.

*Actualidad*

Dentro de la corriente estructuralista rusa, Roman Jakobson habla del lenguaje poético en términos de que el mensaje es el poema mismo. En otras palabras consigna que en la función poética del lenguaje el eje sintagmático (orden gramatical del discurso) se proyecta sobre el eje paradigmático (selección léxica). Ezra Pound en su libro El arte de la poesía habla de que el poeta tiene una importante responsabilidad social porque moldea el imaginario de su tiempo. En la misma obra habla Pound acerca de las características del lenguaje poético: fanopea (manejo de la imagen), logopea (discurso del pensamiento poético y melopea (manejo del ritmo y la eufonía). En cuanto a la evolución formal, la poesía ha pasado del empleo de la métrica y la rima al verso libre, y de este a la libre combinatoria que caracteriza a la posmodernidad y al postestructuralismo. La introducción del verso libre se debe a los poetas Kahn y Laforgue a fines del siglo XIX. Se trata de liberar al poema de las restricciones de la métrica y la rima, para ir más allá de las formas fijas establecidas por la preceptiva poética. Esto implica para el poeta un arma de doble filo, por una parte lo libera de los cánones, pero, por otra parte lo coloca frente a la responsabilidad de que el poema nazca generando su propia forma rítmica y eufónica tomando en cuenta solo la finalidad de su propia expresión. Parecería que los criterios para saber si un texto es o no es un poema se han diversificado. Ya no priva la expectativa de clasificar en sonetos, liras, décimas, etc. sino la percepción del fenómeno poético encarnado en lenguaje. Actualmente, con la apertura de la experiencia histórica como un repertorio susceptible de ser reciclado en nuevas combinaciones, muchas de las formas clásicas se han retomado con un sentido abierto.

El papel que juega la poesía en el siglo XXI, se encuentra ligado al avance tecnológico y científico. Surgen nuevas corrientes de Poesía, nuevas formas de manifestación, como la Metapoesía, biopoesía, la poesía ecologista, la poesía virtual, transmodernista entre otros, además de que asistimos a una renovación o por lo menos un reemprendimiento de ciertos vanguardismos y estéticas críticas, como la poesía de la conciencia. El Día mundial de la poesía fue proclamado por la Conferencia General de la Unesco y se celebró por primera vez el 21 de marzo de 2000. Su finalidad es fomentar el apoyo a los poetas jóvenes, volver al encantamiento de la oralidad y restablecer el diálogo entre la poesía y las demás artes (teatro, danza, música, etc.).

## La vocación de escribir poesía

En algún determinado momento (principalmente en la juventud) ocurre algo que despierta una vocación. Ese algo suele ser imprevisto, tal vez buscado inconscientemente, o atrapado al vuelo. Y de esa fortuita circunstancia, casi una revelación, pasa a depender en buena parte la vida del individuo que encontró, por así decirlo, una señal en el camino.

Al escuchar el llamado, instintivamente empieza a moverse en la dirección indicada. Al principio vagamente, y luego cada vez con mayor certidumbre, entrevé un destino que le reclama su voluntad. Incentivos económicos ayudan a definir la mayor parte de las vocaciones, más la del poeta se muestra necesariamente desinteresada. Su satisfacción y recompensa estarán en el disfrute de la percepción poética y la facultad de comunicarla, así como en el asombro que proporciona el hecho de poder mirar el tapiz por el envés.

Algunos prosistas se apartan bruscamente de la poesía. Consiguen una prosa áspera, mecánica, sin gracia. No hay buena prosa sin el auxilio de la poesía. Es más: la mayor parte de la peor "poesía" que se ha escrito está en verso. Acostumbrémonos a dar el título de poeta a escritores en cuya prosa la poesía se manifiesta con la intensidad y el esplendor de un García Márquez, por ejemplo.

La poesía está más en el modo de percibir que en el de expresar. Por eso un texto deficientemente escrito, pero en el que hay poesía, podrá ser mejorado posteriormente (por el autor o por un coautor) y transformado en obra de valor literario. Redactar es relativamente fácil. Lo difícil es VER y convertir lo visto en idea. Si un poeta no sabe escribir, puede valerse de un redactor al que le comunica el asunto. De modo que poeta no es el que escribe, sino el que tiene la revelación. La revelación no aparece en prosa ni en verso: el poeta tiende a la forma versicular, el prosista compone preferentemente en párrafos. Pero la poesía también puede manifestarse de muchos otros modos, y por eso podrá sobrevivir en futuras civilizaciones, en las que no se emplee el arte de la escritura.

Reservar el término de poeta sólo para el que escribe versos es empequeñecer la poesía. Y también hay que aprender a disfrutar la poesía no escrita, que se expresa por otros medios. En tanto se amplíe el concepto de poeta, será mejor para la poesía y para el mundo.

En el taller que origina estas notas ha habido quién no consiga admitir a Shakespeare en la lista de los poetas. Y sin embargo, si Shakespeare no merece el título de poeta, entonces nadie más lo merece. Poeta no significa "Aquél que hace versos". Significa creador. Y, "después de Dios –como se sabe– Shakespeare es el que más ha creado".

El que sólo concibe la poesía en verso, se opone a la evolución poética. El que sólo concibe la poesía escrita, ignora el pasado y desconoce el futuro. Hoy mismo la poesía es transmisible por distintos métodos. Si se puede almacenar y reproducir de diversas maneras algo tan fugaz como el movimiento, es de preverse que habrá nuevos procedimientos para la poesía del futuro. La conciencia de la especie induce la preocupación por el futuro. Una cosa es el tiempo y otra el futuro de la humanidad. Si alguien dice que no le importa el futuro, no podrá esperar que la humanidad esté de acuerdo con él.

Se tiene conciencia de ser poeta antes de saber qué es la poesía. Por lo tanto el poeta precede a la poesía (lo que confirma que el poeta nace). Pero no se preocupen: la vocación puede ser sofocada.

No asustar a la familia escribiendo versos, ya que el verso es lo que produce el susto. No hay que decir que se es poeta, porque nadie lo cree, pero a cualquiera le creen que puede ser escritor. Lo que indica el alto puesto que conserva la poesía.

Si el poema es el lugar en donde el hombre se encuentra con la poesía, según la conocida frase de Octavio Paz, también y más precisamente es el lugar de encuentro con el poeta, porque el poeta vive en el poema, tanto si lo consideramos en general, como en relación con un autor y una obra particulares. La obra es inseparable de su creador. En el caso de que éste sea desconocido se dice que es Dios. He oído reiteradamente que sólo interesa la obra en sí, prescindiendo de su autor. No se puede hablar de poesía en abstracto, haciendo a un lado la noción del poeta, puesto que la poesía existe por el poeta. En teología se conoce al Creador por su creación, o sea que la hoja de hierba nos conduce a Dios. Hay unos poemas que se titulan "Hojas de hierba". ¿Qué quiso decir Whitman con eso? Ah, pero los que tan acremente defienden la tesis de la poesía sin poeta, ¡sin embargo firman sus obras!

¿Cómo leer a Barba–Jacob sin Barba–Jacob? En el arte está el sello del autor, como en nosotros la marca de Dios. O del diablo, según la procedencia. Porque existe el poeta diabólico, contento de serlo: Lautrèamont, Genet, cien más, todos muy atractivos para los jóvenes. Es natural. El mal también necesita sus poetas y sus artistas. El mal y el bien no son enemigos: son socios. Se colaboran, se sostienen y se estimulan recíprocamente. Si construyeron un infierno tan vasto y poblado, en el que existían en tiempos de Jean de Weyer 7'405.926 demonios – según refiere Pedro Gómez Valderrama– es de presumirse que necesitarán músicos y poetas para amenizar las veladas de invierno. No está la poesía al servicio del poeta, porque sería servidora; sino el poeta al servicio de la poesía, como el sacerdote al servicio del dios. La poesía propagandística no es poesía, sino propaganda. "¡Tome Coca-Cola!". La primera vez que oí mencionar la palabra coca. Más tarde dijeron que era delito.

El poema nace, no se hace. Quiere decir que el poeta tiene que estar preñado. El poema hechizo es un muñeco de simple redacción. Aún para leer es necesario estar inspirado. El lector no inspirado, lector mecánico y compulsivo, no entiende. Se accede a la inspiración voluntariamente.

Hay métodos: disponibilidad, aislamiento, concentración. Dice Platón: "La Musa inspira a los poetas, éstos comunican a otros su entusiasmo, y se forma una cadena de inspirados". El lector inspirado es aún más escaso que el autor inspirado, desde que la literatura dejó de ser arte para convertirse en un negocio del cual hasta los poetas quieren participar, como el cura que vende la custodia. No es de esa poesía ni de esos poetas astutos y negociantes de lo que se habla en este libro.

El verdadero poeta lucha contra la poesía y hace largos esfuerzos por librarse de ella antes de rendirse. Pero existe también, como en todo, el poeta aficionado; y el que toma la poesía como escape y la convierte en vicio; o el hombre inofensivo y pintoresco que la incorpora a sus manías.

Aunque existen poetas escritores, el escritor y el poeta son dos seres distintos. Un escritor es una mula.

Por eso puede ponerse a determinada hora frente a una hoja de papel, como una mula con su forraje. Pero el poeta es un ángel. No indico si bueno o malo. El problema de las categorías es otro asunto.

Cuando ejerzo de escritor soy mula, con todas las consecuencias, puesto que el escritor escribe por encargo, por compromiso, por negocio, etc. Es como si un demonio me agarrara y me dijera: tienes que hacer esto. (Investigar, analizar, concluir, redactar). Sólo con el tiempo libre brotan las alas del poeta -en verso o en prosa- en la contemplación y el éxtasis. Pero son alas tenues y se rompen al contacto de la más mínima carga. Le pones una carga al poeta: lo aplastas. La mula del escritor resiste. Por lo tanto es mejor ser escritor. Pero es más bella la poesía.

El primer manifiesto nadaísta fue contra el trabajo. Porque se trataba de un manifiesto redactado por poetas. Si tienes que trabajar todo el día y toda la semana y todo el año, la poesía huirá de ti porque no la mereces. Te has convertido en esclavo. Es de la esencia de la poesía ser libre. Y por eso resulta escasa. Ya no existe libertad en el mundo. Será un reducto en los poetas. A ellos les corresponde mantener la llama. Por si acaso algún lejano día...

Ovidio (nos dice la historia) nunca deseó ser nada más que un poeta y vivió hasta los cincuenta años como un caballero ocioso. Anacreonte llegó hasta los ochenta y cinco años cantando y bailando. Simónides de Ceos hizo su profesión de la composición de poesías. El poeta que llega a cumplir horario de trabajo deja en el vestier, junto con el sombrero, su condición de poeta. Y es que el poeta tiene que pensar, y no se puede pensar en una fábrica. Las fábricas son para hacer. No para pensar. La gente que puede vivir sin pensar encuentra su acomodo en una fábrica. Pero el hombre que está vivo y despierto y que piensa es un hombre en su esplendor y por respeto a sí mismo y a su esplendor debe limitarse a brillar. Como hoy en día se corta todo lo que sobresale, los poetas se convierten en enanas blancas y brillan hacia su interior. O se convierten en agujeros negros para no ser vistos.

El poeta que trabaja va dejando poco a poco de ser poeta y se convierte en trabajador. Pierde la sensibilidad, la sutileza, la percepción; pierde todas sus cualidades y atributos uno tras otro y queda convertido en miembro social. Alguien se permitirá ponerle la mano en el hombro, o le dará palmaditas

Cómo escribir tus poesías  Miguel D'Addario

en la espalda. Ah, que no llegue ese día para el poeta, porque ese es el día de su muerte. Aunque el entierro se demore, andará el resto de su vida convertido en sarcófago de sí mismo, de su propio muerto que es.

*Sensibilidad*
Un poeta es mejor mientras más sentidos tenga. Por lo común se tienen cinco y sobran dos. Pero el poeta no se contenta con cinco. Desarrolla el sexto sentido (de orientación, debido a la magnetita), así como los otros sentidos: el de observación, el sentido común, el sin sentido y el sentido de la realidad. También el de la irrealidad, y el de la poesía, y el del absurdo, y el de percepción extrasensorial, y el mágico y el de los sueños. Y el de la velocidad tanto como el de la quietud. Es decir, que está conectado al Universo como una neurona por muchos puntos de contacto que le transmiten información de proceso y de intercambio. El cerebro del poeta crece hasta los ochenta o noventa años y luego se desintegra en sucesivas explosiones pirotécnicas.
El sentido del tacto se ejercita tocando, si no tenemos miedo de ensuciarnos las manos.

El sentido del gusto se pierde en la prisa y en el olvido de ese otro sentido, con el cual está íntimamente relacionado, que es el olfato. La polución atenta contra los sentidos. En la ciudad se agudiza la inteligencia, pero se deterioran los sentidos. Lo primero que desterramos son los olores. Nada debe oler a nada. Los sabores se atenúan y todas las cosas se vuelven lisas para que no nos hieran. El oído se llena de ruidos y estridencias y la vista se ofende con toda clase de cosas feas y de colores chillones. No es de extrañar que algunos poetas pierdan la razón, puesto que todo cuanto los rodea es decididamente irracional. Las personas normales están completamente locas. Mírenlas bien.

La Biblioteca Pública Piloto quiso abrir un taller de los sentidos y no se encontró interés en eso porque dijeron que el taller de los sentidos es el mundo. Pero la mayoría de las personas permanecen insensibles frente al mundo. Su actitud ante la Naturaleza es una actitud urbana, de indiferencia y destrucción. Se aprecia una flor si tiene precio en el mercado. De lo contrario, se la sustituye por una imitación. Ya he visto en jaulas pájaros mecánicos, frente a los cuales se ponen frutas artificiales. El pájaro tiene un mecanismo que lo hace cantar al despuntar el alba.

A pesar de la afamada" literatura urbana", el poeta tiene que salir al campo. El poeta que no se relaciona con la naturaleza tampoco se relaciona con Dios. Dios es campesino. Nadie lo ha civilizado. Si quieres ver a Dios mira el Universo. El aparato para mirar a Dios se llama radiotelescopio.

Si vemos un insecto lo aplastamos antes de intentar observarlo. Les hemos declarado la guerra a todos los animales y contra ellos hemos fabricado venenos, trampas y armas de todas clases, incluidos los aviones para fumigación de pájaros.

Al paso que vamos, los hombres del futuro tendrán sólo dos sentidos: de dinero y de muerte. Tal vez los poetas puedan hacer algo, si no pierden el sentido de las proporciones.

Sensibilidad no es sensiblería. Es la capacidad de apreciación de lo bello a través de patrones formados en las diversas vertientes de la cultura y decantados por la elaboración personal. Es perceptibilidad, receptividad, capacidad emotiva controlada por la educación y el temperamento. Poco nos dice una pintura mientras no hayamos estudiado la historia del arte. Ni una obra musical mientras no sepamos de qué se trata.

La sensibilidad se cultiva a través de las artes, las ciencias, la literatura, la reflexión, y hay que tener alerta todos los sentidos y el cerebro despierto durante todo el tiempo si se desea ser escritor. Los poetas de fin de semana y los pintores de fin de semana no pasan de ser aficionados, hermosos diletantes. La sensibilidad, si no se usa, se embota. Poetas romos y obtusos son emborronadores de papel. Hagamos la cuenta de cuántos poetas conocemos verdaderamente agudos.

*Imaginación y fantasía*

La fantasía desborda la imaginación. No hay frontera entre una y otra, pero a la fantasía sigue la alucinación. Y de ahí en adelante es la insania.

Los que experimentan con alucinógenos y drogas manifiestan vivencias personales diversas, con distinto grado de interés; más al revisar textos escritos bajo tales influencias o con posterioridad a ellas, y compararlos con obras de grandes poetas, de quienes no se sabe que se valieran de esas ayudas, se encuentra siempre que los estímulos artificiales no superan la creatividad de un cerebro genial. Los que buscan tales estímulos confiesan su incapacidad. Es inútil buscar en ellos el genio que no se tiene. La fantasía de García Lorca o de Vicente Huidobro fue un producto debido a una conjunción de azar y circunstancias únicas por las cuales la poesía sigue siendo misteriosa. Los que usan drogas para buscar el genio no logran más que cansarse y desilusionarse, y eventualmente perjudicar su cerebro. El Universo es el gran químico. El aprendiz de brujo siempre se lleva un chasco.

La idea, algo extendida, que vincula creatividad y sensibilidad artística con enfermedad y defectos de la conducta vital, y pone como ejemplo la perla de la ostra, es una idea originada en los propios artistas, que desean singularizarse; o en los que intentan desacreditar a comediantes, músicos y poetas. En tiempo reciente se desacreditaba también a los pintores, pero en vista de los precios que los cuadros llegan a alcanzar se abandonó esa costumbre. Al valorizarse la poesía se valorizan los poetas. Cuente con eso.

Imaginación y fantasía nutren el poema como nutren la vida. Pero hay que evitar caer en lo cursi y lo ridículo. La imaginación sin control es la fantasía. La imaginación se admira; lo fantástico sorprende y encanta. La organización social estimula la imaginación pero el temor a lo desconocido lleva a desconfiar de lo fantástico. En este fin de milenio lo fantástico ligado a la tecnología encuentra aceptación en lo explicable.

Pero la fantasía del poeta siempre será sospechosa porque usurpa un atributo divino. La primera muestra de que se tiene imaginación es independizarse.

Salir del rebaño.

*Utilidad de la poesía*

No se sabe cómo quieren los poetas que los publiquen y que los lean, si a todos les ha dado por ponerse a repetir que la poesía no sirve para nada. Malos vendedores de su producto, los poetas.

Tenemos que rectificar el error de haber dicho: –"Aquí tiene usted una cosa que no le sirve para nada".

¿Qué argumento de ventas es ése? Por el contrario, se necesita demostrar la utilidad de la poesía en la vida.

Naturalmente, hay que estar convencidos. Vamos a decir por qué y para qué es útil la poesía, y para quiénes, y cómo pueden sacar mejor provecho de ella (volviéndola del revés cada cierto tiempo) y, por supuesto, ello implica escribir poesía y publicarla.

¿Qué sería de los ciegos sin Homero, sin Milton, sin Borges, que les han dado prestigio y misterio? ¿Y de los mancos sin Cervantes, sin el Aleijadinho con su poesía de piedra, etc.? Nunca se ha visto a un editor quejarse de La Ilíada o La Odisea, ni de Dante. ¿Qué tal un Virgilio, un Horacio, Píndaro o Anacreonte creyendo y explicando que la poesía no sirve para nada?

Si todo termina en desastre, que sea en un bello desastre. La poesía sirve para todo. Recrear el interés alrededor de la poesía no es difícil, pues todavía flota en el ambiente algo de su antiguo prestigio, y el respeto por los grandes poetas es tanto que la gente ni se atreve a leerlos.

Cuántos poemas, tal vez no muy buenos, han conquistado para sus autores la atención de bellas amadas, antes imposibles. Cuántos poemas han logrado para el poeta el favor de un mecenas, la recompensa de un premio, las ilustraciones de Durero, o cualquier otro bien tangible y lucrativo. Muchos compositores han percibido dinero por agregarle música al poema. Cuánto papel (el más caro) se ha vendido para imprimir libros de poemas, así sean pagados por sus propios autores, cuánto han ganado los encuadernadores por ponerle piel a colecciones poéticas, cuántos discos de poemas se han vendido en el mundo desde la invención del fonógrafo, cuántas botellas de whisky se consumieron en el último encuentro de poetas.

*Escribir y redactar*

No debe confundirse redactar con escribir. Aprender a redactar es fácil. La mayoría de las personas pueden hacerlo. Para eso existen normas, a las que algunos llaman técnica. Escribir es más difícil y sólo está al alcance de una minoría. Porque, mientras redactar sólo requiere una gramática y el conocimiento de lo que se desea expresar, escribir es creación y por lo tanto requiere inventiva, imaginación, fantasía, originalidad, elocuencia y genialidad en algún grado.

Redacta el que tiene algo para dar a conocer en prosa expositiva. Requieren redactores el periodismo, la didáctica, la crónica, las ciencias, las comunicaciones en general. Escriben el narrador, el poeta, el autor teatral, el ensayista, el historiador. Se redacta una carta, un informe; se escribe una fábula, un relato.

Redactar es un trabajo de la inteligencia racional. Escribir es realizar una obra de arte. La obra de arte va más allá de la lógica. Por lo general hay en ella algo inexplicable. Por eso se habla de creación.

Un párrafo redactado comunica ideas, transmite noticias. Un párrafo escrito comunica emociones, excita la sensibilidad, convierte energía en belleza.

Se redactan un tratado o un código. Se escribe un drama, una comedia.

Para redactar hay que estar cuerdo; para escribir hay que estar loco.

Si se es un escritor a medias, es porque se está medio loco.

¿Quién era el loco: Cervantes, o Don Quijote?

*Secretos para escribir*

El principal secreto para escribir no es ningún secreto: consiste en tener muchos secretos y la capacidad de revelarlos. Para ello hay que empezar por dominar el tema. Eso es todo.

Quien se sienta a escribir es porque tiene algo qué decir. Mientras no se tenga algo para decir no hay por qué empezar. El famoso cuento de la hoja en blanco todas las mañanas a primera hora sólo ha producido literatura babosa y polucionante. El que necesita una hoja blanca frente a los ojos para empezar a pensar, no es pensador. Primero piense, y después de que haya pensado, vuelva a pensar sobre lo escrito. Reflexionar. Ése es el secreto.

Hay que detenerse un momento a considerar lo que guardan las bibliotecas antes de decidir si pondremos en ellas una hoja más. Porque cada página que se escribe es una página que se agrega a los mejores. No es fácil. ¿Ah?

La teoría dice que escribir debe ser fácil. Escribir sí, relativamente. ¿Pero, publicar? Ahí es donde se patentiza nuestra responsabilidad y, por supuesto, la de los editores.

Cuando era difícil publicar, los poetas tenían tiempo para corregir. Hoy en día, cuando a los escritores se les arrancan de la mano las cuartillas frescas, la literatura, y la poesía especialmente, se convirtieron en un basurero. Consulté sobre eso a varios editores. Me dijeron que no importaba, porque la literatura universal ya se escribió, y todo lo de hoy es reciclable puesto que se trata de repetición. Vista así, la empresa literaria resulta inobjetable. Pero no es de eso de lo que se trata cuando hablamos de poesía. La poesía es otra cosa.

Que un joven lleve tu poema junto con dos billetes arrugados, no hay mayor gloria. Si logras eso estás salvado. Porque los jóvenes llevan a sus maestros en el bolsillo.

*La buena puntuación*
La puntuación es necesaria para el correcto sentido del texto y su buena lectura, particularmente en voz alta. La puntuación marca el ritmo y la respiración.
La puntuación es parte esencial del estilo, pero donde no hay un estilo de vida tampoco existe el estilo en las artes.
La forma convencional de puntuación es la más común. Para el buen escritor, la puntuación es un arte.
Hay el escritor sustancioso de largos períodos y el escritor de frase cortada, filuda y certera. Ambos nos atrapan. Y es por el encadenamiento de la puntuación.
Sin embargo, la puntuación constituye una parte de la gramática notoriamente descuidada en Colombia, lo

cual va parejo con el olvido generalizado del español. Las nuevas generaciones no tienen más que un triste argot de barriada, que perpetúa su ignorancia, puesto que todo estudio requiere la precisión del lenguaje. No existen tratados científicos y técnicos en "parlache".

La ignorancia de la puntuación se disimula escribiendo sin puntuación, con un falso orgullo revolucionario de rebeldía y novedad.

Se desconoce que el invento no es la falta de puntuación, sino la puntuación misma. Originalmente se escribió sin puntuación, la cual surgió después, como respuesta a una necesidad evidente.

Para escribir sin puntuación es necesario dar al texto una forma de especial continuidad, que no admite los signos de puntuación. El lector enterado descubre las intenciones del autor. Si percibe que oculta su ignorancia, simplemente deja de leerlo.

Los signos de puntuación no son universales, como tampoco el español, lengua que pierde importancia porque se encuentra en proceso de desintegración. El anhelado proyecto de una lengua universal es utopía.

Todo lenguaje se diversifica a medida que se expande.

Existen novelas sin puntuación, sin genio, sin arte, sin importancia. Exceptuando algún monólogo, la falta de puntuación difícilmente alcanza categoría literaria.

Escribir sin puntuación no es cosa fácil, a menos que se ignore el español. Trate usted de hablar sin pausas, sin gestualidad y sin entonación: resultará una retahíla cómica e incomprensible.

Se abandona la puntuación, se eliminan preposiciones, conjunciones y demás partículas ilativas, ¿Y dice usted que escribe en español, que desea ser reconocido como autor de lengua española?

Tenemos escritores tan tacaños que economizan la puntuación. Otros despilfarran las comas a manos llenas, como esparciendo semilla. El arte no es economía ni despilfarro. Es la proporción dentro de lo necesario. Lo ampuloso y lo ascético son los extremos. "Todo extremo es vicioso", dicen los santos. Observar en la historia lo que perdura por su solidez, ésa es la mejor lección.

*Verso y poesía*

La poesía en verso llega a ser un tanto fastidiosa porque hay que espigar mucho para encontrar una espiga cargada de buen grano. Es más fácil encontrar la poesía en la prosa (y tal vez por eso será que la prosa gusta más), o en las demás artes: la poesía de la música a todos es accesible, la poesía en la pintura también. Pero Góngora sólo habla para unos pocos. Eso puede ser bueno o malo, según como se mire. Nadie tiene dificultad con Bach. Para que eso sucediera, probablemente él la tuvo consigo mismo.

A la poesía actual le conviene que se acabe el verso y que los poemas se escriban en prosa, porque el verso ha sido el refugio tradicional de los malos poetas, los falsos poetas, los poetas mediocres. Puestos a escribir su poesía en prosa, tendrán que capitular o aprender a escribir. No hay que confundir verso con poesía. La mayor parte de los poemas en verso no contienen poesía. El verso es una forma. Se puede llenar con cualquier cosa. El verso no hace parte de ninguna definición sobre la poesía.

Vale mucho más un buen párrafo que una mala estrofa. La poesía no se escribe porque sí. Se escribe porque no. Porque lo que hay que decir no puede ser dicho de otro modo. Siempre que algo pueda decirse en prosa, debe emplearse la prosa para decirlo y reservar la poesía exclusivamente para el poema.

Esto va en beneficio de la prosa y de la poesía, así como de todos los escritores. En el poema todo está permitido, menos la mediocridad. El poema no debe usarse para enviar mensajes personales: para eso está el correo. Los mensajes personales pueden enviarse con el poema sólo a través de los siglos y para eso hay que llamarse Dante o Shakespeare. Las querellas de amor se escuchan bien en una canción popular, pero suenan ridículas en la lectura de un poema. "Te amo" no se dice en un grito, sino en un susurro. El que grita es porque está definitivamente solo.

*Métrica y rima*
Es necesario tener conocimiento y práctica acerca de la métrica y la rima, tanto para utilizarlas ocasionalmente, como para no utilizarlas por inadvertencia, y sobre todo para estar en capacidad de apreciar la mayor parte de la poesía en español, compuesta de ese modo desde sus comienzos. Métrica y rima son recurso mnemotécnico eficiente y valioso. Al optar por el verso libre, los poetas pierden algo que antes fue esencial: que los poemas se

aprendieran y se repitieran de memoria. El poema en verso libre suele escapar a la memoria.

En realidad, no existe el verso libre, ni la misma prosa es libre. Domina en el español una medida de eufonía, que todo buen escritor maneja de oído. En la conversación común son frecuentes las correcciones.

Es por eso: porque sentimos que suena mal, y se corrige instantáneamente. El español es una lengua rítmica, y el verso su forma natural.

El que escribe verso libre sin conocer métrica y rima no consigue dar a sus líneas cualidades propias del verso (ductilidad, elasticidad, maleabilidad, sonoridad) y por ello se puede afirmar que la mayor parte de la poesía colombiana en la segunda mitad del siglo XX está escrita en prosa fragmentada, sin las cualidades de la prosa ni las del verso.

En las distintas clases de verso libre es necesario cambiar palabras para agregar o disminuir sílabas, o para modificar acentos, lo que también se hace en prosa. Desde el momento en que hay una medida que se impone, la libertad del verso es relativa y se refiere sólo al deslinde con la métrica y la rima.

Se suele creer que el verso libre es novedad. Falso. Primero fue el verso libre. El verso libre ha existido siempre; es anterior a esa dudosa lengua, impropiamente llamada "español".

El verso libre intentó hacer olvidar en el siglo XX toda la poesía de siglos anteriores, por medio de su impugnación y negación. No lo logró. Lo más probable, según se observa, es que para el siglo XXI ambas formas sigan coexistiendo. Razón de más para ocuparse de métrica y rima.

La poesía concreta y demás formas gráficas y caprichosas, o emparentadas con otras artes, son creaciones experimentales que obedecen a otra estética y quedan por fuera de verso y prosa.

*Verso medido y verso libre*

El número de palabras que riman en español tiene un límite. Todas las rimas posibles se usaron ya muchísimas veces, las posibilidades de la rima se agotaron en la repetición, y por eso la poesía de rima consonante llegó a su fin. Los oídos se estragaron, y además vino ese embeleco de la libertad y los poetas ya no quisieron estar sujetos a medidas y rimas que coartaban su expresión. Subsiste la rima asonante, más rica y de musicalidad más actual, pero se requiere de la métrica, y la métrica requiere de su estudio y práctica, y los nuevos poetas se muestran perezosos con respecto a preceptivas.

Los tratadistas denominan verso libre al que rima libremente, como en la silva, y verso suelto al verso no sujeto a rima ni medida; pero en la práctica se llama verso libre al verso libre, y versos sueltos son versos entresacados de un poema. No hay nadie mejor que los tratadistas para enredar las cosas. Por eso se dice que la crítica es el arte de oscurecer lo que estaba claro.

El verso medido y rimado es el más fácil, porque basta obedecer a sus normas. El verso libre es más difícil porque hay que inventarlo en cada poema. El verso sujeto a métrica requiere oficio. En el verso libre, el poeta puede hacer lo que quiera, a condición de ser genial. La métrica puede practicarla un ciego. Para escribir verso libre hay que saber volar. En el verso libre, o vuelo libre, se pierden casi todos. No se perdieron Whitman ni Pessoa porque eran aves punteras. Si deseas hacer parte de la bandada, no importa dónde te sitúes. El segundo y el último, ambos van detrás del primero.

El verso libre admite todo el ingenio y los caprichos del autor. Del verso libre salió toda la experimentación que la poesía ha soportado en el último siglo, hasta dejar de ser la poesía. Cuando contemplamos el verso actual no podemos menos de constatar que la poesía escrita agotó sus posibilidades en cuanto a forma, que quizá el cine representa su última gran expresión, y que lo que ahora se nos presenta como nuevo verso no es más que la evolución de la prosa, prefigurada en Vargas Vila, y que ha tomado de la poesía lo que necesitaba para revitalizarse. Si la poesía murió, por eso será que los poetas se muestran abatidos. Tal vez ellos mismos la mataron.

*El poema como forma y la poesía amorfa*
Durante los últimos cien años, partiendo del verso libre, la poesía, en cuanto a forma y concepción, evoluciona hasta dejar de ser el verso. Encuentra, entonces, otros medios expresivos: la imagen (cine); formas gráficas (concretismo); artesanales (defenestración de la poesía, o formas poéticas para arrojar por la ventana); e infinidad de otras invenciones de frontera: entre el teatro y la poesía (happening); entre la escultura y la poesía (formas para ser tocadas); entre lo pictórico y la poesía (experimental); entre fotografía y poesía (a partir del

surrealismo), etc. El verso deja de ser el verso; con la desaparición del verso desaparece la estrofa, y la poesía deja de ser el poema.

Después de que la poesía pasa por todas esas transformaciones queda claro que sus posibilidades evolutivas son limitadas y que a cada momento la poesía (considerada como el poema) desaparece tras nuevas formulaciones.

Las posibles combinaciones de las formas poéticas llegan a su completo agotamiento. Lo que evoluciona tan espectacularmente ante nuestros ojos no es la poesía, sino la prosa, porque la prosa ha tenido siempre el derecho de alimentarse de la poesía.

El verso libre, después de haber sido sometido a todos los caprichos imaginables, no es ya otra forma de la poesía, sino otra forma de la prosa, lo que, entre nosotros, se había hecho patente desde José María Vargas Vila, aunque él no lo hubiese declarado así.

La simbiosis se da por dos motivos principales: la negativa de los poetas a estudiar preceptos que van en desmedro de su libertad expresiva, y un lector amaestrado por la practicidad de otras expresiones culturales.

Actualmente coexisten todas las formas del poema:

a) El metro y la rima aún conservan partidarios.

b) El verso libre, incluyendo el versículo, forma intermedia entre el verso y el párrafo.

c) El poema en prosa (llamado también prosa poética).

d) La prosa en semiverso, que es lo más corriente.

e) Y la poesía en cualquiera de sus formas: verso, prosa, imagen, grafismo, objeto, sonido, representación, arte, manualidad, juego o invención, siempre que se presente como un modo reproducible de transmitir la inspiración, la emoción o el pensamiento poéticos.

Lo anterior obliga a diferenciar la poesía del poema: el poema puede ser una forma vacía de contenido poético. Inversamente, se suele encontrar alta poesía en textos en prosa o en otras formas poéticas distintas del verso y aun del texto escrito. Persigamos a la poesía, pero no nos dejemos perseguir por el verso.

El verso en sí mismo no es nada: puede ser escapismo, vicio, entretenimiento, o una manifestación de cretinismo.

No es importante mantener la diferenciación entre prosa y verso. ¿Para qué un poema en versos que no contienen poesía? La auténtica percepción poética, venga de donde venga, enriquece la vida, la ennoblece, la embellece y le da sentido. La discriminación contra la poesía sólo manifiesta una total ignorancia acerca de lo que es la poesía y lo que es el hombre: ojos con los que el Universo se ve a sí mismo. Ni siquiera la crítica se muestra muy perspicaz. Por eso se necesitan muchos talleres de poesía. La poesía es lo único que podrá pacificar al mundo. Aunque existan poetas malditos, porque los poetas malditos son pasivos.

*Temas en la poesía*
El tema de sus obras constituye un problema para los artistas, porque la hipocresía de las sociedades no

tolera el libre examen y penaliza rigurosamente el tratamiento público de asuntos públicos.

En nuestro tiempo las prohibiciones disminuyen, pero no terminan.

La lista de autores condenados por sus libros resulta demasiado larga y ominosa para vergüenza de la humanidad. Vergüenza es un decir.

Con una vergüenza se tapa otra.

Frecuentemente las artes se ven afectadas por alguna censura, en especial la poesía.

A ningún artista se le prohíben los temas tanto como al poeta.

¿Por qué? ¿Quiénes lo hacen?

La censura manifiesta el temor a la poesía atacando al poeta, cerrándole el paso.

En efecto, para empezar se le presenta la siguiente lista restrictiva:

    1. No escribir poemas de amor, porque el tema está agotado y el amor también.

    2. No escribir sobre la muerte, porque es de mal agüero y el tema lo gastaron los pseudo–románticos.

3. No escribir sobre la infancia y la familia, por considerarlo asunto trillado, nostálgico, común y poco relevante.

4. No escribir sobre política y sociedad porque resulta de mal gusto y el tema está desactualizado.

5. No escribir sobre cuestiones locales y del campo porque la naturaleza es anacrónica y se está acabando.

6. No tratar asuntos literarios, lo que se considera vicioso, reiterativo y repugnante.

7. No escribir sobre su ciudad porque es algo monótono, de lo que todo el mundo está cansado.

8. No escribir sobre bajos fondos y violencia porque eso fomenta la criminalidad y es un asunto demasiado plebeyo.

9. No escribir sobre sí mismo porque a nadie le interesa.

10. No escribir sobre otras personas, ni aun indirectamente, porque puede ser peligroso.

11. No escribir sobre temas exóticos porque en general se desconocen y no vienen al caso. Es extranjerizante.

12. No escribir sobre temas religiosos porque el mundo contemporáneo es ateo y hedonista.

13. No escribir sobre asuntos de actualidad porque la actualidad es indigna del poema.

14. No escribir sobre temas eternos porque resulta vano y presuntuoso.

15. No escribir sobre sentimientos y recuerdos, lo que se considera cursi y ridículo.

16. No escribir sobre el futuro porque se desconoce.

17. No escribir sobre temas de la naturaleza. Es ingenuo y decorativo.

18. No ocuparse de sucesos históricos. Eso es crónica, anécdota, prosaísmo, algo caduco e inconducente.

19. No escribir poemas filosóficos porque la filosofía no es propia del poema.

20. Que no se escriba verso rimado porque la métrica ya caducó, y que tampoco se escriba verso libre porque eso no es poesía.

21. Que la poesía no diga nada en esencia, sino que se limite a sugerir. Sin ideas será menos peligrosa.

En fin, la lista de prohibiciones es demasiado larga para transcribirla en su totalidad. De ese modo se intenta reducir el campo del poeta y sólo queda campeando la teoría sobre el vacío necesario para preservar la inocencia del mundo.

Pues bien: sobre lo que hay que escribir es precisamente sobre todas las cosas prohibidas y del modo prohibido. Y escribir con claridad y contundencia, no tímidamente con medias palabras. La poesía no consiste en ocultar, sino en descubrir. Es revelación o no es nada. No hay tesoros ocultos en poesía. Ya los ladrones los saquearon todos. Incluyendo a don Luis de Góngora.

*Poesía autobiográfica*

Defectos notorios de la poesía en Antioquia han sido hasta ahora el localismo y el autobiografismo, caracterizados por un sentimentalismo cursi, al amparo de una religiosidad medieval. Los nuevos poetas, al parecer, se empeñan en continuar así con todo entusiasmo.

La poesía intimista se proclama como el triunfo de la individualidad sobre las sociedades colectivas, las cuales se consideran de cultura primitiva. Pero la verdad es que todo arte que no cumple una función social desaparece en la inanidad.

Los poetas jóvenes defienden la poesía subjetiva porque aún no han salido del cascarón y no conocen otro tema que el de sí mismos como centro del universo, de acuerdo con su no superada psicología infantil.

Infinidad de temas de los cuales la poesía podría ocuparse están ahí sin que los poetas perciban nada, envueltos en su inocencia de crisálida, encerrados en sí mismos con sus pequeños asuntos personales, tratando de contarnos todos los días la misma película de amor.

La poesía introspectiva muere con su autor. "Canto vano" la llama Ernesto Cardenal.

Cuando el gran poeta dice Yo, arrastra consigo a todos los demás. Cuando el poeta mediocre dice yo, no hace más que afirmar su nulidad. Los poetas que nos dan a leer su diario, ¿desean ser compadecidos o admirados por sus padecimientos?

Cuando escribir se convierte en derroche del estilo puede entonces hablarse de decadencia: no hay nada qué decir, sino algo qué lucir. Literatura fatua, carente de la dignidad de la inteligencia.

Estamos abandonando el pasado rápidamente. Pero no los poetas jóvenes. Ellos se niegan.

*La inspiración*

El proceso creador es el mismo en todas las artes. En música como en poesía se distinguen cuatro modos: inspirado, constructivo, tradicionalista y experimental. Desde luego, algo de inspiración tendrá que haber en todos ellos para que sea poesía, porque la poesía es el soplo del misterio. "Si no hay misterio no hay poesía", escribe Georges Brake.

El proceso constructivo lo emplean poetas muy expertos, en composiciones extensas de carácter épico, sobre temas histórico, científico, social o, en todo caso, para tratar asuntos importantes. Ilustran este proceso obras como el "Canto General" de Neruda, o el "Cántico Cósmico" de Ernesto Cardenal. Los momentos inspirados que aparecen aquí y allá son los que dan a la obra su calidad poética. El modo tradicionalista es el que utiliza los moldes de la métrica. Como ejemplo basta citar los innumerables sonetos que repiten incansablemente una misma forma con sus variaciones previstas.

La poesía experimental o exploradora se encuentra principalmente en los intentos de las vanguardias por modificar la parte formal de la poesía, ya que su esencia es inmodificable.

Por último, la poesía inspirada es el milagro, totalmente imprevisible e inexplicable. El poeta inspirado no sabe él mismo lo que saldrá, una vez que el espíritu –llamémoslo así– le mueve la mano. La poesía inspirada es la más auténtica y, por supuesto, la más escasa. Como ejemplo de poeta inspirado recordemos a Barba–Jacob. Puede decirse que no escribió página alguna sin el influjo de la inspiración y por eso se le tiene como poeta excelso.

Hay una teoría para negar la inspiración en el arte, como hay teorías para afirmar o negar cualquier cosa. Pero la inspiración es fuego volcánico, impulso irracional, fuerza devastadora que transforma, inventa, encuentra, descubre, crea. Dios sería el mejor ejemplo conocido de inspiración, si no fuera El mismo el Inspirador. Por eso, según George D. Painter, "todo gran escritor negocia directamente con Dios". Aaron Copland explica del modo más sencillo lo que pasa con la inspiración: "Si una mañana estoy como para componer, compongo; si no, salgo a dar una vuelta por el campo". Con sólo leerla, sabemos si una poesía es inspirada o no. Y esto no requiere demostración.

Escribir solamente cuando se está inspirado debiera ser una norma de los poetas. Pero la necesidad de llenar "hojas de vida" causa un alud de basura que amenaza nuestra biblioteca. Lo más curiosito con respecto a la inspiración es que quienes la niegan, sin embargo la esperan. Son los que más parecen confiar en ella. Como los ateos, que siempre decimos, cuando algún poeta nos obsequia con su libro: "Dios se lo pague".

*Revistas y publicaciones literarias*
Los escritores que empiezan se dirigen a las revistas y demás publicaciones literarias porque ven en ellas una primera posibilidad de asomarse a un mundo que los atrae. Olvidan que la libertad de expresión tiene dueño. Nada más ingenuo que el escritor que comienza. La receptividad de tales publicaciones es nula por su incompetencia para apreciar el valor de un texto de autor desconocido. Refiriéndose a ellas dice Álvaro Mutis: "La mezquindad de quienes tienen a su cargo estos suplementos y papeles literarios, y las

sórdidas inquinas que los alimentan, me han acostumbrado a siempre esperar lo peor".

Roberto Posada García-Peña anota en "El Tiempo" (89 – 05 – 19): "Hace unos diez años que los suplementos literarios de los periódicos dejaron paulatinamente de ser literarios para convertirse en unos híbridos seudoculturales sin identidad". Aquellos antiguos suplementos fueron útiles porque ayudaron a crear en el público interés por la lectura y a la consiguiente formación de escritores. Lo recalca el doctor Otto Morales Benítez en el Congreso de Colombianistas (Illinois, 2001 – 08 – 01): "La falta de lectores levanta el precio en las editoriales, con otras mermas preocupantes como el retiro de los suplementos literarios en los periódicos. Esas páginas le daban, antes, una información amplia a demasiados sectores, lejanos de la actividad cultural y con mermas en su presupuesto. Mantenían encendida la audiencia comunitaria. En los que subsisten se observa cierta proclividad por la frivolidad, que va determinando la influencia de la televisión. La divulgación cultural en la prensa es muy cautelosa, en la radio es esporádica y en la televisión es casi inexistente, pues prevalece un signo de superficialidad". Aunque los pronósticos sobre la literatura son pesimistas, debe tenerse en cuenta que la palabra escrita es el soporte de la civilización. Internet modifica en parte la situación de anonimato de los nuevos escritores, pero ello no pasa de ser ilusorio. Equivale a las modestas y efímeras revistas de pequeños grupos que colaboran para su mutua complacencia. Los medios actuales de comunicación cambian los hábitos de lectura, pero no es por ellos que disminuyen los lectores, sino por la falta de buenos escritores. Cuando aparece uno, se vende y se lee con todo éxito. Se necesitan escritores para múltiples tareas, entre ellas para ayudar a pensar a un país desorientado. Si los periódicos entran en declive al mismo tiempo que proliferan las revistas por sectores de interés, quiere decir que el público echa de menos las excelentes columnas de opinión que fueron antes su atractivo. No se compra un diario por su bandera, sino por sus columnistas. Con dos o tres excepciones, nada traen los diarios que merezca ser leído. La pobreza intelectual ahuyenta a los lectores. Créalo. Se supone que la abundancia reemplaza a la calidad, pero no es así. Es el predominio de la mediocridad, que puja por sobresalir ateniéndose al refrán de que "en casa de ciegos el tuerto es rey". El mediocre pero intrigante, o el hijo del curubito, desplazan a los más capaces. Su fracaso es el fracaso del país. El escritor que respete su arte debe alejarse de toda esa feria de vanidades y situarse por higiene en una orilla limpia y neutral.

*Crítica y autocrítica*
Toda lectura que hacemos, así sea superficial, es lectura crítica en alguna medida. Hacer lo mismo sobre un texto propio parece obvio y fácil, pero no lo es. La mirada sobre los propios textos peca siempre de narcisismo. Por más exigentes que seamos sobre la obra ajena, juzgamos siempre la propia con indulgencia, y no logramos tomar con ella la distancia necesaria para verla como cosa extraña. Sin embargo, hasta que no podamos aplicar a la propia obra todo el rigor que ponemos en la de los demás, no alcanzaremos un grado suficiente de autocrítica como para poder confiar en el propio juicio. Los poetas suelen estar dotados de lo que se llama "espíritu crítico", mas éste sólo se forma en el conocimiento de la literatura: las obras y su crítica. Crítica es análisis y evaluación, y por lo tanto no

debiera asustar a nadie, pero el arte inseguro teme a la crítica porque revela sus fallas. Publicar un texto es someterlo a la crítica implacable del lector, arbitraria e irresponsable. De la intimidad de un lector los autores salen desplumados, o convertidos en ídolos. Si no se teme a la crítica de ese lector apasionado, ¿por qué se teme tanto a la crítica del crítico? ¿Porque se le da publicidad? La del lector también se publica entre sus conocidos, y eso es lo que hace que los libros se vendan o se desprecien. El lector puede ser un pequeño grupo de taller. Frente a él, el autor está entre sus lectores. Por consiguiente, debería interesarse en su opinión, tanto más cuanto que en ese caso se da múltiple, con sinceridad y con generosa buena fe. Todo texto se publica con intención de incorporarlo a la literatura. ¿Sobrará en ella, o conseguirá el lugar que el autor se propone? Algunos dicen que ese interrogante se debe dejar al tiempo. Pero en realidad tal cuestión le concierne sólo al autor.

Quienes depositan toda su confianza en el tiempo, es porque no tienen ninguna en sí mismos, porque actúan con total inconsciencia e ignorancia, y esos son, naturalmente, los primeros en ser devorados por ese tiempo al que confiaron su suerte.

Vencer al tiempo: ése es el reto del gran escritor. Y todo el que empieza quiere ser grande. Nadie empieza pequeño.

Un joven asistente al taller, cuyo nombre consigno porque después se oirá hablar de él, Javier Idárraga, resuelve un día presentar sus primeros poemas. Se levanta con decisión, se planta con firmeza frente al grupo, desdobla sus papeles, y dice: –"Voy a leer unos poemas. Son míos. Y son muy buenos. Al que no le gusten, me espera a la salida".

*Método para autoevaluación de un poema*

    1. Medir su grado de satisfacción por medio de la relectura reflexiva, como si no fuera un texto propio, sino ajeno, poniendo esa distancia entre el autor y el texto. Despersonificación.

    2. Asegurarse de que se trata de un texto escrito y no redactado. Hay una diferencia entre escribir y redactar. Redactar es una operación calculada, que está al alcance de muchos. Basta saber español y tener claro lo que se quiere decir. Se redactan una carta, un

texto didáctico, un mal poema. Para escribir, además del asunto se necesitan emoción e inspiración. La inspiración es producto de un estado de exaltación en el que se percibe la idea y se concibe la obra. Da por resultado un borrador que se corrige, o un texto que se tiene por definitivo después de revisado.

3. Revisar la gramática, la puntuación, la semántica, desde el punto de vista de la eficacia del texto con relación al lector promedio.

4. Revisar cada párrafo, o cada verso, y determinarlo muy bien con respecto al sentido, a su proporción, a su participación en el conjunto, al ritmo, a la eufonía, y verificar que no tenga tropiezos por defectos de construcción.

5. Asegurarse de que el texto contiene en forma completa lo que se quiso decir en él, y que su comprensión es posible por el tipo de lector a quién esté dirigido.

6. Revisar la arquitectura del texto con respecto a su composición, distribución, equilibrio y elegancia. Un texto es una construcción y debe

sostenerse en firme. Sus partes tienen volumen, peso, analogía, funcionalidad. Es necesario calcular la resistencia de cada una, la correlación de fuerza entre las partes, su estabilidad y armonía del conjunto.

7. Si el texto se dirige al público en general, como suele suceder con la mayor parte de la poesía, calcular si dirá lo mismo a cada lector. Que el texto sea comprendido de la misma manera en todas partes. El buen escritor se impone. No titubea. No merece atención quien escribe para que sus palabras se interpreten en cualquier sentido. No sabe lo que dice. No es digno de un lector inteligente.

8. Calcular cómo será recibido el texto por el lector: cómo lo entenderá, qué efecto, qué impacto o reacción producirá en él, cuál podrá ser su grado de aceptación o rechazo y por qué.

9. Calcular la importancia del texto terminado en relación con una literatura: regional, nacional, temporal, o global respecto del idioma.

10. Calcular el posible valor del texto en el futuro, a corto y mediano plazo. Para esto es necesario conocer historia de la literatura, tener nociones científicas sobre el futuro y ser honesto consigo mismo.

Se parte de la base de que en un país como Colombia un libro de poesía tarda veinte años en ser justipreciado por la crítica autorizada, excepto en los casos en que la propaganda engaña al público joven, que carece de criterio y cree todo lo que le dicen.

Lo que antecede vale si se es un escritor serio y formado, "con vocación de permanencia".

Si sólo se quiere divertirse, entretenerse y engañar a los demás (si se dejan), entonces no lea los diez puntos anteriores.

*Concursos literarios*

Quien ha escrito sus primeros poemas suele considerarlos poco menos que geniales, y en consecuencia se apresura a participar en uno u otro concurso, esperando el reconocimiento que sueña merecer.

Cada uno de los participantes espera ganar, confiado en el buen juicio, imparcialidad e ilustración de los miembros del jurado, desestimando por completo a los demás competidores y con aparente olvido de que, en el mejor de los casos, los premios no pasarán de tres.

La buena fe de los concursos no puede cuestionarse a priori y generalizadamente, pero sus resultados comparativos indican que en esto también juega la suerte, como en todo lo demás. Cualquier cosa que ello sea, la suerte existe, puesto que los futurólogos cuentan siempre con ella en sus predicciones.

Como garantía de imparcialidad, debiera revisarse la costumbre de designar a escritores para juzgar a escritores, al menos en Colombia, y escoger los jurados entre críticos, profesores, autores de géneros diferentes al del concurso, editores o intelectuales no beligerantes en los dominios del género al cual se convoca. Estoy convencido de que los jurados manejan celos profesionales contra cualquier autor sobresaliente en un concurso y en consecuencia prefieren acordar los premios a los segundones, que no representan ningún peligro futuro de competencia. Y si no fuere así, entonces es que no leen, o no saben leer. Esto último he podido comprobarlo personalmente. Quien se someta a concurso haría bien en olvidarse del asunto a partir de la entrega de sus originales, y no dar su triunfo por descontado sino, al contrario, estar dispuesto a aceptar el fallo sin objeciones. No sólo para practicar la norma de saber perder, sino porque todo juicio artístico es subjetivo y se fundamenta en criterios personales, de algún modo arbitrarios y siempre discutibles. Quien participa en un concurso acepta de hecho las bases promulgadas y renuncia a polémicas con motivo del fallo. Si gana, no debe alegrarse en demasía, pues su triunfo es relativo por definición; y si pierde no debe resentirse por ello, pues no conoce el conjunto de las obras que participaron.

Los defectos que suelen señalarse a los concursos son más imaginarios que reales y provienen siempre de concursantes repetidamente frustrados. Ni ganar en un concurso gradúa a nadie de genio, ni pasar desapercibido le merma sus posibilidades futuras. Las reacciones que se observan después de cada concurso hacen que perogrulladas como ésta se vuelvan procedentes.

Los concursos de poesía han existido siempre, y las desavenencias entre poetas también, y no hay que extrañarse de nada.

Como ya se ha dicho, la única obligación del escritor es escribir bien.

Y si se cuenta con la obra terminada previamente al anuncio de algún concurso, participar puede ser una de las pocas maneras de publicar un libro de poesía. En cuanto al número de jurados, deben ser cuatro o cinco. No tres. Porque se amangualan dos.

*Libro de poemas*

Aspiración de todo poeta es su primer libro de poemas. El libro se compone de dos partes distintas: el texto en sí y la presentación editorial. La mala presentación inutiliza un buen texto, lo que siempre es lamentable. El texto pobre, bien impreso y encuadernado, parece un mono con traje, y también es lamentable. El libro ideal: bien escrito, interesante, gráficamente bien elaborado. Hablemos del contenido del libro: se trata ahora (en Colombia) de imponer un absurdo concepto de "unidad temática" en el libro de poemas. Capricho injustificado, sin sentido. Cada poema constituye una unidad en sí y no tiene por qué relacionarse necesariamente con otros poemas. Abramos los libros de Silva, de Valencia, de Barba-Jacob, de León de Greiff: ¿Unidad temática? Quienes ahora exigen eso, no conocen la poesía. Esa exigencia no se puede atender. Si se atendiera, se convertiría la poesía en algo así como ensayos en verso, tratados de cosas, redacción profesional sobre temas forzados. Los poetas han preservado su libertad creativa. Quienes intentan imponer normas pueden estar seguros de que no serán escuchados, así las conviertan en cláusula de concursos. Lo que sí tiene que tener cada poema del libro es "control de calidad", de acuerdo solamente con los propósitos del autor. Si no fuera así, se cerraría toda oportunidad a lo nuevo. Los que niegan esa oportunidad, argumentan que no hay nada nuevo: que el día que nace es el mismo día de siempre, demasiado conocido. Ese "control de calidad" debe estar a cargo únicamente del ingenio de cada autor, y nada más. Por eso se llama autocrítica. Si no acierta, recibirá la indiferencia general. Algunos autores consultan sus originales previamente, a fin de recibir opiniones y confrontar con ellas su apreciación personal. En la toma de la última decisión se prueba la seguridad del autor. Cuando alguien se queja de que al seleccionar poemas suyos no fueron escogidos los mejores, la culpa es sólo de él, pues reconoce que no todo lo que ha publicado es de pareja calidad. Hablemos de la edición: caso frecuente es que los poetas, al editar sus libros, se dan el gusto de dirigir la edición sin poseer los conocimientos técnicos requeridos, y luego culpan al impresor por la mala calidad del libro. Ese es un vicio nacional. Todo el mundo quiere hacer lo que no sabe, y después busca cómo trasladar a otro la culpa por sus errores.

El que desea editar un libro, sin experiencia previa, debe buscar asesoría, ya que los costos de edición son altos y los riesgos ruinosos.

En poesía no deben usarse tipos pequeños (menores de diez puntos) a no ser que se quiera evitar el fotocopiado, y los interlineados deben ser amplios, separando bien las estrofas o partes del poema.

Si se dispone de un diseñador gráfico, deben examinarse los diagramas y las pruebas.

En cuanto a la carátula, es indispensable pedir bocetos, revisar artes finales y, por último, ver pruebas y controlar la impresión.

Toda precaución es poca cuando se trata de imprimir un libro, porque las ocasiones de que pueda malograrse son numerosas y se presentan a cada paso. Impresor y editor no siempre son lo mismo.
Impresión es una técnica y un arte.
Edición tiene dos acepciones.
Editor es el que corre con el riesgo económico. El riesgo del autor no es menos amenazante.

*El arte de titular*
*"El título es la metáfora esencial de un libro".* Ernesto Sábato.
La incapacidad para titular los poemas se disimulan muy bien dejándolos sin título. Hay una buena disculpa: excelentes poetas que son malos tituladores.
Un poema sin título es como una persona sin nombre. Para solucionar ese defecto, los editores tienen un recurso: el primer verso, o primeras palabras del mismo, pasan a constituir el título. Ello es indispensable, entre otras cosas, para conformar un índice. Otro recurso editorial es titularlos simplemente como "Poema", o designarlos por un número. Por lo tanto, el autor que deja el texto sin titular, tácitamente

está aceptando los recursos con que el editor suplirá una incapacidad que a veces se disfraza de originalidad, cuando no de pereza, y que no es más que un engañabobos. Los poemas sin título presentan un aspecto fragmentario y por ello se prestan a toda clase de errores tipográficos.

Es preferible cualquier título a la falta de título. La falta de título indica la falta de propósito al escribir. ¿Cómo puedo confiar en un autor que ni siquiera es capaz de inventar un simple título? Un autor con tal pobreza mental seguramente no tiene nada interesante qué decirme, pues ni siquiera supo llamar mi atención con un título. Quienes con recursos tan tontos como la falta de un título pretenden molestar a un posible lector, y creen que molestarlo es lo que deben hacer, en realidad no lo molestan: solamente lo ahuyentan. Poner el mismo título a varios poemas es unirlos en una identidad. En ese caso resulta conveniente adicionar un número en beneficio del lector. Aunque hay cierta elegancia en no hacerlo. Todo depende de la intención. Nadie publica un libro sin título, pero sí un poema, lo cual denota desprecio por el poema, o la justa valoración de que ni siquiera merece un título. El poema sin título es un feto. Algo que no alcanzó a completarse. Texto abortado. El aborto se practica entre los poetas jóvenes. Menos mal. El estilo de titular varía con las épocas. Un tallerista me dijo que no titular es también una forma de titular.

*Citas y epígrafes*

Los escritores incultos son muy aficionados a emplear epígrafes y citas para aparentar que saben mucho. Lamentablemente, el lector despierto se da cuenta enseguida y la ingenuidad queda al descubierto.

Las citas deben emplearse con parquedad, sólo cuando resulten oportunas y necesarias y den realce al texto en lugar de restarle elegancia. Un texto recargado de citas resulta pedante e indica que el autor no tiene nada propio qué decir.

Cuando la cita se coloca en un idioma extranjero o antiguo, debe traducirse en beneficio del lector medio y de la comprensión general del texto. Omitir la traducción resulta de una pedantería insolente que el lector no excusa, aun si conoce la lengua de origen.

Los epígrafes tienen cierta elegancia si se usan con moderación y si convienen al texto. No deben acumularse demasiados epígrafes al comienzo de un libro y no deben emplearse para iniciar un cuento, porque el cuento es género que no resiste el epígrafe. El epígrafe en un cuento sobrará siempre, y resulta de muy mal gusto porque aparece forzado y traído por los cabellos. El que va a iniciar un relato lo inicia sin más.

Los preámbulos siempre resultan intolerables al lector o al público. En cambio, el epígrafe puede lucir en un poema, al comienzo de una pieza oratoria, o para iniciar un libro o capítulo. Cuando el epígrafe se coloca al final se llama epílogo. Y no es ninguna novedad, como algunos parecen creer.

No se encuentran muchos epígrafes ni muchas citas en los grandes escritores. Las tomamos de ellos.

Las citas no deben ser muy extensas. En tal caso es mejor remitir al lector a la obra original, o hacer un resumen. El aparte citado no debe fraccionarse para hacerlo decir algo diferente al pensamiento del autor.

La cita completa debe colocarse entre comillas o en cursiva. Lo contrario constituye apropiación indebida y quien lo hace se desprestigia frente al lector informado. No crea que no lo hay. Cuando Ernesto Cardenal incluye textos indígenas precolombinos en sus poemas, o son de autor desconocido y su procedencia es colectiva, o por el contexto queda claro el origen y la intención.

*Dedicatorias*

Cuando en un libro todos los poemas están dedicados, eso no significa que el autor conserva muchas admiraciones, sino que tenía muchas deudas en el momento de editar su libro, o que intenta pasar muchos vales, para cobrarlos después. En un principio se ponían los libros bajo la protección de un príncipe, en dedicatorias zalameras e interesadas. Ahora los autores gozan de más autonomía y pueden darse el lujo de ser modestos, dedicando sus obras a su familia y a sus amigos.

Inspirado en las antiguas dedicatorias, Borges empleó un formulismo original, expresivo, elegante. Supo ofrecer con estilo y caballerosidad un regalo imperecedero que honraba a su destinatario, como debe ser.

Los que ofrecen cualquier cosa, por cualquier motivo, o no aprecian bastante a quien se dirigen para poner en sus manos tal ofrecimiento, o sobreestiman el valor de la ofrenda, o son muy pobres de ingenio para dar algo de mérito.

Las dedicatorias deben ponerse al principio de la obra, porque cuando se ponen al final resultan en menosprecio de la persona a quien van dirigidas. La dedicatoria colocada al final no es una originalidad, sino una grosería.

Si la dedicatoria se formula con encomio, éste debe ser sincero y sobrio, en tratándose de personas vivas. A los muertos se les puede elogiar descaradamente, porque ya no se sonrojan.

El poeta Eduardo Escobar dedicó un libro "Para Noia", y durante un cierto tiempo estuve preguntándome quién sería esa Noia de quien nunca le había oído hablar. Eduardo conoce a tanta gente, pensaba yo...

Tuve una colección de dedicatorias raras y curiosas. Revisándola pasé tardes divertidas, hasta que di con una que decía: "A mí mismo". Era de Walt Whitman.

Hay otra clase de dedicatorias: son las que se escriben para obsequiar el ejemplar de un libro. Suelen tener los libros una hoja en blanco para ese propósito, pero como tal hoja con frecuencia es arrancada a fin de disponer del respectivo ejemplar, algunos autores prefieren autografiar la portadilla, o la falsa portada, o también la primera página, según la importancia del asunto.

Gonzalo Arango fue un mago de las dedicatorias, las cuales daban un valor adicional a sus libros. Nunca supe si obedecían a una paciente elaboración previa, pero todo parece indicar que las improvisaba en el momento.

Esta clase de dedicatoria no es fácil. Es más fácil escribir el libro. Si no se tiene gran ingenio, es preferible la sobriedad al intento trascendentalista de querer dejar para la posteridad frases célebres que a la postre sólo resultan ridículas.

Téngase en cuenta que la dedicatoria de un libro debe estar dirigida solamente a la persona a quien se obsequia, y en ningún caso a los probables y futuros lectores del libro.

*Prólogos*

Si a un libro de poemas, por lo general, le sobran todos los poemas, ¡Cuánto más le sobra el prólogo!

El que busca prólogo busca recomendación, y el que busca recomendación es porque no vale por sí mismo. El buen libro de poemas, del cual su autor está completamente seguro, no requiere prólogo.

No debe el autor de un libro preocuparse de prólogos. Esa es labor del editor en posteriores ediciones.

Un ensayo preliminar luce muy bien en las obras completas y en las antologías, pero el prólogo en el primer libro es una muleta. El autor que empieza con muletas indica dos cosas: o que nació baldado, o que busca valimiento. Lo segundo peor que lo primero.

Hay libros que sólo valen por el prólogo, el cual se hace constar en la carátula. Los hay también cuyo mérito está en la calidad de la edición. Por eso dicen que no hay libro tan malo en el que no se encuentre algo bueno. Preferible un librito modesto, que no contenga el elogio de sí mismo, de cuyo texto no queramos desprendernos. Ese es el que hay que escribir y publicar, y dejarles los prólogos a los lagartos.

Peores aún que los que piden prólogos son aquellos que los ofrecen, porque esos quieren ir a caballo en la obra ajena. Y también hay el conocido negocio de los prólogos, ese intercambio de favores que desvirtúa la objetividad de la crítica, empaña las amistades y ensucia la vida de todos. Pletórica de falsas reputaciones, la literatura colombiana es un flagrante engaño, una estafa hábilmente promovida, porque la ignorancia del pueblo es lucrativa. Los que creen en la lista de "los más vendidos" no saben cómo se hace esa lista. Una lista de "los más leídos" tampoco sería un índice confiable. El buen lector elige por sí mismo.

*Rechaza la propaganda*

El único prólogo que el libro de poemas resiste es el que escribe el mismo autor, a manera de presentación, y cualquier otro texto estaría mejor como epílogo, porque la conclusión pertenece a todos, y sólo el autor anuncia su obra. Si un prólogo resulta más extenso que el libro, deben invertirse las partes y poner el libro como prólogo del prólogo, y así sucesivamente. No se ha dicho cuántas palabras debe contener un prólogo, pero en todo caso, menos de las que se escriban. La otra vez leí un prólogo tan largo que después no tuve ánimo bastante para leer el libro. Se lo comenté al autor del prólogo y me dijo que no importaba. Todos los libros debieran tener al comienzo unas páginas en blanco para que sean los lectores quienes escriban los prólogos y los epílogos. Sería una manera de formar lectores activos y participantes, en los que el texto cause reacciones vitales. Nadie puede hacer mejor un prólogo que el propio autor, puesto que es el único que entiende el libro. Los demás hacen aproximaciones. Si el libro es de poesía, con mayor razón. Excelente advertencia la que puso Aloysius Bertrand a su "Gaspar de la noche": "He aquí mi libro, tal como lo escribí y tal como debe leerse, antes de que los críticos lo oscurezcan con sus interpretaciones". En una ocasión envié a una revista especializada un pequeño texto en el que hablaba divinamente contra la crítica. Aunque el texto me había sido encargado, en su lugar apareció un "Elogio de la crítica", destinado a darme una lección, porque estar en buenos términos con los críticos es parte de la estrategia para formar y mantener las reputaciones literarias. Pese a todo, los prólogos suelen contener algo bueno y muy divertido: el lector se da cuenta enseguida de la reluctancia del prologuista, forzado a demostrar su buena índole, y del ingenio que ha tenido que derrochar para decir mentiras y despropósitos de modo que pasen desapercibidos para el solicitante del prólogo, pero resplandezcan ante el lector.

Y de ese modo la redacción de prólogos pedidos se convierte en un verdadero arte, lleno de ingenio y malicia, que frecuentemente resulta ser la mejor parte del libro.

*Seudónimos*

Los escritores que se inician suelen recurrir al seudónimo para ocultar su identidad.

Motivos:

    a) Afición juvenil al juego de disfraz. El seudónimo es careta. Se desea esconderse tras él, parecer lo que no se es.

    b) Búsqueda de un nombre literario para reemplazar su nombre propio, demasiado común o poco relevante.

    c) Ocultamiento ante amigos o familiares. Experimentación crítica. Mala conciencia.

    d) Seguir una costumbre del periodismo, originada en la persecución de que suelen ser objeto los escritores públicos.

    e) Inmadurez. Falta de seguridad en sí mismo. Complejo de inferioridad. Temor, intento de eludir responsabilidades. Hipocresía: tirar la piedra y esconder la mano.

    f) Aparentar ser extranjero porque se cree que así será leído.

A veces el juego se prolonga durante toda la vida, como en León de Greiff. Pero el individuo que responde por sus actos firma siempre con su nombre. Lo que hay que hacer es aprender a escribir bien para que el texto merezca nuestra firma. También hay que aprender a eludir las trampas legales y sociales. El buen escritor necesita ser astuto. De su habilidad dependerá su eficacia. Los seudónimos no inspiran más que desconfianza.

Sólo el que pretende engañarnos se nos presenta vestido con otra piel.

El seudónimo es una estafa, o una cobardía, o una falta de personalidad.

Los que utilizan seudónimo son capaces de cambiar de sexo. Ha ocurrido.

No obstante, el seudónimo obedece también a la adopción de un nombre literario que parezca bello, apropiado a un escritor, y posea cualidades mnemotécnicas por su rareza, sonoridad, significación, o analogías que proponga.

Algunos escritores usan diferentes seudónimos en forma simultánea. El público los identifica por el estilo y la temática. O ellos mismos se identifican agregando al seudónimo la fotografía, caso en el cual la función del seudónimo es literaria y de orden estético.

El uso de seudónimos ratifica que lo importante es el texto; no el autor.

Finalmente, existe el seudónimo psicológico, por medio del cual el autor resalta su carácter, cualidades o condiciones que lo adornan o que desearía tener.

Los heterónimos son cosa distinta: un truco editorial.

*Lectura pública*

En la actualidad todavía se acostumbra la declamación patética, y son frecuentes los concursos de declamación en festivales y celebraciones. Si bien la declamación es un arte aún vivo, las exageraciones expresivas llevan con seguridad al ridículo y la cursilería. Empleaba Barba-Jacob un método intermedio entre la declamación y la lectura, sistema que sigue siendo útil para quienes no dominan el arte teatral. Quienes sean también actores, encontrarán una manera natural de decir el poema, sin simplicidad, pero sin demasiada alacritud.

El poeta aficionado a presentarse en público deberá tomar un curso que comprende respiración, dicción y expresión corporal, no como locutor sino como actor. Mientras no lo haga, podrá sustituir los ejercicios profesionales con ensayos grabados. Al escucharse, él mismo intentará corregir los defectos principales de su voz, sobre todo en cuanto a claridad, entonación y expresividad. No se refiere este capítulo a los declamadores profesionales, sino a los poetas que deben grabar o decir en público sus propios versos.

Confiar toda la eficacia al texto en sí es desconocer los mecanismos psicológicos colectivos. La buena presentación del poema en público equivale a la buena edición en un libro.

La lectura en público requiere cualidades personales o sustitutas de las mismas, a la manera de los actores. Debe procurarse ante todo la seguridad, la firmeza, la naturalidad, la claridad, la elocuencia, y uno que otro rasgo distintivo que dé el toque individual y contribuya a producir un efecto.

Por lo general los poetas son malos lectores de sus versos, pero como nunca faltan ocasiones para leer, un pequeño esfuerzo en ese sentido reportará siempre buenos resultados para quienes, haciendo a un lado la pereza, se preocupen un poco por su presentación personal en público. El público pueden ser tres amigos, pero esos tres amigos deben quedar bien impresionados y contentos de haber escuchado.

Los poetas suelen despreciar este aspecto de su obra, en lo cual se equivocan.

Desde sus orígenes, la poesía está muy emparentada con el teatro y muchos poemas se prestan para ser escenificados, así como otros para convertirse en canciones. En esos casos, el autor debe dejar completa libertad de interpretación a quienes asuman ese trabajo, autorizándolos para efectuar en los textos los cortes o modificaciones a que haya lugar por motivos de eufonía, vocalización, tiempo, o requerimiento de la composición musical.

La oralidad de la poesía viene desde sus comienzos y continúa siendo un método eficaz de transmisión del poema. Dado que el público en general no sabe leer poesía, muchas veces sólo capta su sentido escuchando al autor o a un recitador profesional.

La poesía oral encuentra en los nuevos sistemas técnicos cada vez mayores posibilidades. Harán bien en aprovecharlas los poetas, como una compensación a las dificultades editoriales y a la circulación restrictiva del libro de poemas. Parafraseando al presidente Mao, que lo moderno sirva a lo antiguo: que la tecnología avanzada reconozca la eterna verdad de la poesía.

## Ejercicio 1: Recursos para escribir

Escribe en tu cuaderno tres frases que expresen un determinado sentimiento, o que lo definan. Una vez terminada esta tarea, vas a compartir esas frases con el resto de la clase, tu docente las anotará en la pizarra digital, donde quedan registradas junto con las de tus compañeros y compañeras. ¿Qué te parecen las frases de tus compañeros y compañeras? y ¿qué sentimiento expresan?, expresa tu opinión en tu turno de palabra.

Ahora forma un grupo de tres miembros para seguir con esta tarea. ¿Preparados?

Escoged tres poemas (Buscar y descargar de un buscador de la Web) y de cada uno escoged una estrofa de tres a cinco versos.
- Canción del pirata (José de Espronceda)
- El ángel guardián (Gabriela Mistral)
- A Margarita (Rubén Darío)
- Mi antigua casa (Juan Morales Rojas)

A continuación leed en voz alta varias veces las estrofas elegidas y debatid en grupo qué habéis entendido sobre los poemas y qué sentimientos os han despertado.

Para que os sea más fácil el trabajo podéis usar estas preguntas:

- ¿En quién o qué pensaba el autor o la autora cuándo lo escribió?
- ¿Los versos son alegres o tristes?
- ¿Qué imaginas cuándo lees los versos?
- Una vez expuestas vuestras opiniones, elaborad en un documento de texto una tabla con los versos elegidos y la interpretación extraída.

| Poema 1 | | |
|---|---|---|
| Estrofa | Interpretación | Imagen |
| | | |
| Poema 2 | | |
| Estrofa | Interpretación | Imagen |
| | | |
| Poema 3 | | |
| Estrofa | Interpretación | Imagen |
| | | |

Guardad el documento en vuestro ordenador con el nombre "Nosotros_Interpretamos", ya que lo necesitaréis en la actividad 2: "La interpretación".

Enlaces para leer poesías:
http://bibliotecadigital.ilce.edu.mx/sites/fondo2000/vol2/12/htm/sec_5.html
http://www.viulapoesia.com/pagina_1.php?tipus=2&subtipus=2&itinerari=29

### Ejercicio 2: La interpretación

Practiquemos juntos: Poesía ilustrada.

Vuelve a reunirte en grupo, con los mismos compañeros y compañeras de la actividad "Palabras del corazón". ¿Estáis preparados? Retomad el documento de texto "Nosotros_Interpretamos" e ilustrad con imágenes las estrofas escogidas y las interpretaciones que de ellas hicisteis.

Banco de imágenes:

http://recursostic.educacion.es/bancoimagenes/web/
http://www.pics4learning.com/

## Escribir poesía

En esta secuencia didáctica se tratarán aspectos importantes sobre la comprensión e interpretación de los textos poéticos.

Se conocerá el formato y características de un poema, así como se valorará y desarrollará el sentido estético.

Esta secuencia didáctica se trabajará de forma colaborativa y participativa.

Para que el trabajo sea óptimo, es preciso seguir las pautas y orientaciones que en cada actividad se indican teniendo siempre presente las fuentes de información que se proponen.

Antes de comenzar la actividad vas a conocer qué es un poema y cómo se miden, accede al siguiente recurso y ¡Descúbrelo!

*La medida de los versos*
Como ya sabes qué es un poema, ahora vas a acceder al siguiente recurso para aprender los distintos recursos estilísticos o literarios que se pueden utilizar en la poesía.

*Recursos estilísticos*

El escritor emplea la lengua común, pero sujeta a una voluntad de forma. Quiere esto decir que el escritor vigila atentamente su expresión para alcanzar la belleza. Para ello emplea determinados medios o recursos, denominados recursos estilísticos o literarios, pero que no son exclusivamente de este lenguaje, puesto que se emplean también en el habla corriente.

Los recursos estilísticos se utilizan tanto en el verso como en la prosa y por sus características los clasificamos en tres grupos:

    A.- De tipo semántico.

    B.- De tipo morfosintáctico.

    C.- De tipo fónico.

*Comparación o símil*

De tipo Semántico.

Se ponen en relación dos términos, uno real y otro imaginario, entre los que existe alguna semejanza.

          Ejemplo:

*"Tenía el gaznate largo como de avestruz".*

          Quevedo

*Metáfora*

De tipo semántico.

Es la traslación a un significante del significado de otro, por existir relación de semejanza. Es una comparación no expresada, pues no se enuncia el término real.

Ejemplo

*"Su luna de pergamino*
*Preciosa tocando viene".*

García Lorca

*Alegoría*

De tipo semántico.

Es la sucesión de una o más palabras al suplir otras su significado.

Ejemplo

*"Pobre barquilla mía*
*entre las olas desvelada*
*y entre las olas sola".*

Lope de Vega

*Elipsis*

De tipo semántico.

Es la supresión de una o más palabras al suplir otras su significado.

*Ejemplo*

*"La (hora) del alba sería cuando don Quijote..."*

Cervantes

*Personificación*

De tipo semántico.

Consiste en atribuir a los seres inanimados cualidades propias de los animados.

*Ejemplo*

*"Con mi llorar las piedras se estremecen".*

Garcilaso

*Hipérbole*

De tipo semántico.

Es la exageración en la expresión de ideas, sentimientos o acciones.

*Ejemplo*

*"Yace en esta losa dura*
*una mujer tan delgada*
*que en la vaina de una espada*
*se trajo a la sepultura".*

Baltasar de Alcázar

*Antítesis o contaste*

De tipo semántico.

Consiste en oponer frases o palabras de significado contrario para resaltar uno de ellos.

Ejemplo

*"Cuando quiero, no lloro*

*y, a veces, lloro sin querer".*

Rubén Darío

*Paradoja*

De tipo semántico.

Es la expresión aparentemente contradictoria de un pensamiento o sentimiento complejo.

Ejemplo

*"Vivo sin vivir en mí,*

*y tan alta vida espero*

*que muero porque no muero".*

Teresa de Jesús

*Ironía*

De tipo semántico.

Consiste en decir en tono de burla todo lo contrario de lo que aparentemente se dice.

Ejemplo

*"El demonio al tabernero: Harto es que sudéis el agua, no nos la vendáis por vino".*

Quevedo

*Metonimia*

De tipo semántico.

Consiste en designar una cosa con el nombre de otra con la cual guarda una relación de causalidad.

Ejemplo

*"Leo a Cervantes",*

por

"Leo un libro de Cervantes".

*Hipérbaton*

De tipo morfosintáctico.

Consiste en la alteración del normal orden gramatical de la frase.

Ejemplo

*"Del salón en el ángulo oscuro..."*

Bécquer

*Reduplicación*

De tipo morfosintáctico.

Es la repetición, de dos o más veces, de una palabra dentro de la misma frase.

Ejemplo

*"Huye, luna, luna, luna,*
*que ya siento los caballos".*

García Lorca

*Polisíndeton*
De tipo morfosintáctico.
Es la repetición de conjunciones sin que sean gramaticalmente necesarias.

Ejemplo

*"El carro y el caballo y el caballero..."*

Fernando de Herrera

*Asíndeton*
De tipo morfosintáctico.
Consiste en la supresión de conjunciones.

Ejemplo

*"Salta, corre, vuela,*
*Traspasa la alta sierra, ocupa el llano".*

Fray Luis de León

*Anáfora*
De tipo morfosintáctico.

Consiste en la repetición de una o varias palabras al principio de varios versos u oraciones.

Ejemplo

*"Sueña el rico en su riqueza,*
*que más cuidados le ofrece;*
*sueña el pobre que padece*
*su miseria y su pobreza;*
*sueña el que a medrar empieza;*
*sueña el que afana y pretende".*

Calderón

*Pleonasmo*

De tipo morfosintáctico.

Es el empleo de palabras innecesarias para resaltar una idea o sentimiento.

Ejemplo

*"De los sos oios tan fuertemientre llorando..."*

Poema de Mío Cid

*Epíteto*

De tipo morfosintáctico.

Es el empleo de un adjetivo significativamente innecesario, para expresar una cualidad inseparable de lo significado por el sustantivo.

Ejemplo

*"De verdes sauces hay una espesura".*

Garcilaso

*Aliteración*

De tipo fónico.

Es la repetición de uno o más sonidos para producir un efecto acústico.

Ejemplo

*"En el silencio sólo se escuchaba
un susurro de abejas que sonaba".*

Garcilaso

# Cómo escribir tus poesías  Miguel D'Addario

## La rima y la medida de los versos

*La rima*

La rima es la repetición total o parcial de sonidos en dos o más versos a partir de la última vocal acentuada.

Ejemplo:

1º: Deja, niño, el salin**ar**._____ a

2º: del fondo y súbeme el ci**elo** _____ b

3º: de los peces y en tu anzu**elo**, _____ b

4º: mi hortelanita del m**ar**._____ a

*En este poema de Rafael Alberti, riman:*

El 1º con el 4º verso (acaban en –**ar**).

El 2º con el 3º verso (acaban en –**elo**).

Los versos que riman entre sí se nombran con las letras del abecedario (minúsculas si son de arte menor, y mayúsculas si se trata de versos de arte mayor).

Los versos que no riman con ningún otro del poema quedan sueltos y se señalan con –

*La rima en los versos puede ser de dos clases*
-Rima consonante: se reproducen en distintos versos idénticos sonidos, por su orden, desde la última vocal acentuada de cada uno de ellos.

      Ejemplo: maleta – chaqueta – camiseta

-Rima asonante: cuando en la rima solo coinciden los sonidos vocales.

      Ejemplo: casa – ala – cara // aire – baile

*La medida de los versos*
Cada línea del poema es un verso. Medir un verso consiste en contar el número de sílabas métricas, que no gramaticales, que tiene.

Ej: es-del-vi-gor-del-a-ce-ro _____ 8 sílabas.

Al medir los versos hay que tener en cuenta estas tres cosas:

-Cuando una palabra termina en vocal y la siguiente palabra empieza por también vocal, forman una misma sílaba. Este fenómeno se conoce como *sinalefa*.

Ejemplo: Mi-ver-s<u>o e</u>s-un-cier-v<u>o he</u>-ri-do _____ 8 sílabas.

-Si el verso termina en palabra aguda, se cuenta una sílaba más.

-Si el verso termina en palabra esdrújula, se cuenta una sílaba menos.

Ejemplos

Un – ve – le – ro – ber – gan – tín     7 + 1 = 8 (aguda +1)

del – es – pa –ci<u>o a</u> – zul – e –léc – (tri) – co     9 – 1 = 8 (esdrújula -1)

*Versos de arte mayor y de arte menor*

Cuando los versos miden 8 o menos de 8 sílabas son versos de arte menor.

Cuando los versos miden más de 8 sílabas son versos de arte mayor.

*Los versos reciben nombre dependiendo del número de sílabas que tengan:*

    Bisílabos = 2 sílabas
    Trisílabos = 3 sílabas
    Tetrasílabos = 4 sílabas
    Pentasílabos = 5 sílabas
    Hexasílabos = 6 sílabas
    Heptasílabos = 7 sílabas
    Octosílabos = 8 sílabas
    Eneasílabos = 9 sílabas
    Decasílabos = 10 sílabas
    Endecasílabos = 11 sílabas
    Dodecasílabos = 12 sílabas
    Tridecasílabos = 13 sílabas
    Alejandrinos = 14 sílabas

*Medida de los versos*

Medir un verso es contar las sílabas poéticas que contiene.

Para medir las sílabas poéticas que contiene un verso, hay que tener en cuenta los siguientes parámetros:

*La sinalefa*

Cuando una palabra termina en vocal o en /y/ y la siguiente palabra empieza en vocal, en /y/ con sonido de vocal o en /h/ muda, se produce una fusión de las dos sílabas, por lo que para el cómputo de sílabas poéticas, se contará una menos de las que tiene gramaticales.

Se forma un 'diptongo' sin tener en cuenta las reglas generales para la formación de diptongos y triptongos (si la unión es de vocales fuertes o débiles) y se computa como una sola sílaba métrica, en unión con las consonantes que las componen. En algunos casos, la sinalefa agrupa en una sola sílaba las sílabas de tres palabras.

No debe aplicarse la sinalefa en el caso de que una de las dos vocales, y mucho menos cuando las dos, sean tónicas.

Ejemplos: Dame ánimo cuando yo entre en tu casa; si fui algo distinto.

O dicho de otro modo: Hacer sinalefas con vocales tónicas producen versos inarmónicos.

Tampoco es posible la sinalefa cuando coincide con la cesura de un verso compuesto.

Aunque la sinalefa es un fenómeno constante en el habla y se produce de forma natural y espontánea en los versos, el poeta puede renunciar a la aplicación de la sinalefa en algunos casos. A esa decisión personal se le llama licencia poética.

-Sinalefa doble o sinalefa múltiple se llama al caso en el que se fusionan en una sílaba poética tres o más vocales pertenecientes a dos o tres palabras. En la sinalefa múltiple lo más típico es que en el centro quede una —o más de una— vocal fuerte (a, o, e). Las vocales débiles (u, i) ocupan los extremos, como en los triptongos:

Estoy muriend<u>o, y a</u>un la vida temo... //

...sonriendo, sab<u>ia y</u> pausadamente...

Pero existen casos diferentes como en aquello fue algo distinto = 8 sílabas;

a—que—llo—fu<u>e al</u>—go—dis—tin—to

aunque también se admitiría:

a—que—llo—fue—al—go—dis—tin—to = 9 sílabas, en donde no se sujeta a lo dicho más arriba.

Dentro de lo difícil que es aplicar la regla de la sinalefa como fija e invariable, existen casos como en la poesía "Canción del pirata" de José de Espronceda, en donde intervienen cuatro vocales en una sola sinalefa:

Asia a un lado, al otro Europa, = 8 sílabas =

    A—sia aun—la—do,al—o—tro Eu—ro—pa,

y siguen cumpliendo la norma de vocales fuertes flanqueadas por las dos vocales débiles.

Pero existe un caso, casi insólito, en el que se forma una doble sinalefa en la que intervienen las cinco vocales; es en el verso  volvió a Europa desde América = 8 sílabas =

    vol—vióaEu—ro—pa—des—deA—mé—ri—ca

        (9 - 1) sílabas.

| Ejemplos: | sílabas | |
|---|---|---|
| versos | gramatic. | poéticas |
| Es-ta-ba e-cha-do yo en la tie-rra en-fren-te | 14 | 11 |
| Di-je a un vie-jo si-len-cio-so | 10 | 8 |
| En-tre el fi-lo y la es-pa-da | 10 | 7 |
| De ha-blar si el po-e-ta ca-lla | 10 | 8 |

Las sílabas gramaticales son las que aquí están separadas por guiones y espacios; la fusión se produce en las sílabas resaltadas en rojo y subrayadas, y se cuentan como una sola sílaba; ese efecto es al que llamamos sinalefa.

Excepciones: No se forma la sinalefa cuando la /h/ va seguida de los diptongos ia, ie, ue, ui, (en cuyo caso, el sonido es como ya, ye, güe, güi).

Ejemplos
polvo, sudor y hierro el Cid cabalga. //
unidos están como carne y hueso.

*El hiato*
Es la licencia poética que hace el efecto completamente contrario a lo dicho para la sinalefa. Pero el hiato se hace parámetro de obligada inclusión

cuando se trata de separar los versos compuestos en su punto de unión (cesura). La aplicación del hiato se suele hacer para evitar la sinalefa entre dos palabras en donde una o las dos vocales que intervienen lleven el acento rítmico, y en último lugar, por la decisión caprichosa o interesada del propio poeta dentro de lo que se ha dado en llamar licencia poética. Entre estos parámetros que intervienen en la construcción métrica del verso: sinalefa, hiato, diéresis, sinéresis, según su terminación etc..., la sinalefa es un fenómeno constante en el habla y se produce de forma natural y espontánea en los versos, mientras que los otros parámetros se aplican de manera mucho más infrecuente o restringida, casi siempre sujetos al capricho del poeta en lo que se ha dado en llamar las licencias poéticas.

Los versos con un número superior a 11 sílabas, están considerados como versos compuestos de dos versos simples, y por lo tanto se llama cesura al punto de unión de los dos versos primarios.

cesura o pausa que divide invisiblemente un verso compuesto, impide la sinalefa.

El cómputo silábico de un verso compuesto, ha de hacerse a base de contar separadamente las sílabas de cada verso primario, aplicando las reglas aquí descritas para la medida de los versos, o sea: sinalefa, hiato, diéresis, sinéresis, según su terminación.

*Excepciones para la aplicación de la sinalefa*
No se hace aconsejable aplicar la sinalefa, (ni la sinéresis) cuando entra en juego la sílaba tónica principal del verso (la penúltima sílaba) no suele ser armonioso aplicar la sinalefa (o la sinéresis) porque se produce una mala sonoridad.

 Dos palabras que al principio del verso casan en una aceptable sinalefa (o una sola palabra con sinéresis) al final, y entrando en juego la sílaba principal del verso, suelen desarmonizar si se hace ahí la sinalefa o la sinéresis.

De ahí la importancia de los acentos rítmicos en donde el principal de todos ellos es el que recae sobre la sílaba penúltima de cada verso.

Podremos encontrar, no obstante, poesías que no tienen en cuenta ese requisito de buena armonía.
De todos los versos que lo incumplen, se ha visto que lo que menos desarmoniza es la sinalefa aplicada a

las palabras de~oro cuando éstas van al final del verso. Aunque siempre es mejor no aplicar ahí esos dos parámetros.

Cuando un verso le pueda ofrecer dudas a su autor, o cuando se sospecha que los lectores pueden hacer varias interpretaciones sobre su métrica, es aconsejable la búsqueda de otro verso de expresión similar y que no ofrezca lugar a dudas.

*La diéresis (o dialefa).*

Es la licencia poética por la que se deshace un diptongo cuando queremos obtener una sílaba más en el verso para lograr una métrica armoniosa.

| Ejemplo: | | |
|---|---|---|
| con sed | in-sa-cï-a-ble | 7 sílabas |

(Lo correcto sería: in-sa-cia-ble) Para indicar a dónde hemos producido la diéresis poética, colocamos sobre la vocal correspondiente (siempre la vocal débil) los dos puntitos idénticos a la diéresis gramatical.

*La sinéresis*

Es lo contrario de la diéresis.

Se da cuando dos vocales que no forman diptongo normalmente, se pronuncian como si lo formaran, con objeto de restar una sílaba al verso por imperativo de la métrica armoniosa.

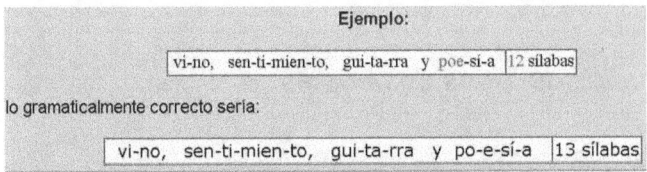

| Ejemplo: | |
|---|---|
| vi-no, sen-ti-mien-to, gui-ta-rra y poe-si-a | 12 sílabas |

lo gramaticalmente correcto sería:

| | |
|---|---|
| vi-no, sen-ti-mien-to, gui-ta-rra y po-e-sí-a | 13 sílabas |

*Cuando termina en palabra aguda*
Si la última palabra de un verso es aguda (o monosílaba), hay que sumar obligatoriamente una sílaba más al verso.

| Ejemplos: | |
|---|---|
| A ti lo mis-mo te da | 7+1=8 sílabas |
| Si te ha en-cu-bier-to el do-sel | (10-3)+1=8 sílabas |
| Dis-tin-tas len-guas, la mis-ma o-ra-ción | (11-1)+1=11 sílabas |

*Cuando termina en palabra esdrújula*
Si la última palabra de un verso es esdrújula, (o sobresdrújula) hay que restar obligatoriamente una sílaba al verso.

| Ejemplos: | |
|---|---|
| Es-ta-rán so-bre la pá-ti-na | 9-1=8 |
| Re-gan-do flo-res de plás-ti-co | 9-1=8 |
| O te la lle-van con pie-dad los pá-ja-ros | 12-1=11 |

## Tipos de Poemas

Todos los tipos de poemas y sus características estructurales.

*Ejemplos de Tipos de poemas*
*Soneto*
El soneto está compuesto por 14 versos endecasílabos de arte mayor, dos cuartetos y dos tercetos. La rima de estos versos suele ser ABBA-ABBA o ABAB-ABAB, mientras que los tercetos pueden rimar en CDC-DCD y CDE-CDE.

Soneto herido
> *La lluvia en el cristal de la ventana,*
> *el aire de una plaza compartida,*
> *el pañuelo de sombras de la vida,*
> *la noche de Madrid y su mañana,*
>
> *el amor, la ilusión del porvenir,*
> *el dolor, la verdad de lo perdido,*
> *la constancia de un sueño decidido,*
> *la humana libertad de decidir,*

*la prisa, la política, el mercado,*
*las noticias, la voz, el indiscreto*
*deseo de saber lo silenciado,*

*el rumor, las mentiras y el secreto,*
*todo lo que la muerte os ha quitado*
*quisiera devolverlo en un soneto.*
              Luis García Montero

*Terceto*
3 versos endecasílabos.
1° y 3° verso –> rima consonante.

*Pero yo te sufrí. Rasgué mis venas*
*Tigre y paloma sobre tu cintura*
*En duelo de mordiscos y azucenas.*
              Federico García Lorca

*Cuarteta*
4 versos octosílabos (8 sílabas c/u).
2° y 4° verso –> rima consonante.

*Dicen que el amor no fiere*
*ni con fierro ni con palo,*

*mas a mí muerto me tiene*
*la que traigo de la mano.*

*Y todo el coro infantil*
*va cantando la lección:*
*«mil veces ciento, cien mil;*
*mil veces mil, un millón».*

              Antonio Machado

*Lira*
— 5 versos
— 1°, 3° y 4°, heptasílabos (7 sílabas c/u)
— 2° y 5° endecasílabos (11 sílabas c/u)

    Canción V
*Si de mi baja lira*
*tanto pudiese el son, que en un momento*
*aplacase la ira*
*del animoso viento*
*y la furia del mar y el movimiento,*

        Garcilaso de la Vega

*Romance*

– Número indefinido de versos octosílabos (8 sílabas c/u)
– Rima asonante en los versos pares
– Rima libre en los versos impares

*Romance del prisionero*
*Que por mayo era por mayo,*
*cuando hace la calor,*
*cuando los trigos encañan*
*y están los campos en flor,*
*cuando canta la calandria*
*y responde el ruiseñor,*
*cuando los enamorados*
*van a servir al amor;*
*sino yo, triste, cuitado,*
*que vivo en esta prisión;*
*que ni sé cuándo es de día*
*ni cuando las noches son,*
*sino por una avecilla*
*que me cantaba al albor.*
*Matómela un ballestero;*
*dele Dios mal galardón.*
   Amancio Prada

*Décima*

– Estrofa de diez versos octosílabos.

– Rima consonante distribuida según modalidad.

>Sinestesia celeste
>*La táctil estrella pía*
>*–Mínima ave sideral–*
>*Chispeante melodía*
>*la feroz noche glacial.*
>*Roto el huevo de la luna,*
>*saltó el pollito. Oportuna,*
>*candorosa chispa en grito*
>*que hace al cielo más humano:*
>*Al alcance de la mano*
>*Pese al espacio infinito.*
>
>Jorge Guillén

*Oda*

– Se divide en estrofas iguales

– Celebra hazaña de personas o atributos de cosas
Ejemplo de dos estrofas del "Poema Oda Ad Florem Gnido" de Garcilaso de la Vega:

>*Por ti, como solía,*
>*del áspero caballero no corrige*

*la furia y gallardía,*
*ni con freno la rige,*
*ni con vivas espuelas ya le aflige.*

*Por ti, con diestra mano*
*no revuelve la espada presurosa,*
*y en el dudoso llano*
*huye la polvorosa*
*Palestra como sierpe ponzoñosa.*

Acróstico
— Mensaje formado por la letra inicial media o final de los versos formando una palabra que se lee verticalmente.

*Paso el frío invierno, ya se aleja.*
*Rosas, azucenas y jazmines,*
*Inundan de aroma los jardines.*
*Mariposas de muchos colores.*
*Árboles, las plantas y las flores*
*Verdes brotes en todas sus ramas.*
*Estación por todos esperada.*
*Renueva ilusión y fantasía,*
*Amor de juventud y alegrías.*

Es fácil encontrar la palabra PRIMAVERA en este poema de Arjona Delia.

*Caligrama*

– Versos toman una disposición topográfica, formando una figura relativa al tema del poema

```
                        La
                       vida
                  y el destino son
         sabios, te llevan hacia donde ir,
        algunas veces parece que va hacia abajo,
       pero es ahí donde llegas a aptender algo nuevo,
      depende de como usas el aprendizaje. Así que vive,
       usa todo a tu favor, vive al día, este es solo tuyo.  En
   esta           vida, sólo avanza el que aprende de sus errores,
                   el que sabe usarlos a su favor y no el que se
           deprime      y      sucumbe ante  una realidad
                       que         no comprende y es incapaz
                        de         aceptar. La experiencia
                        es         el         resultado
                        de
                       años
                         de
          apren-       dizaje,
          sufri-       miento
              y        dolor
             que       dan
                   inteligencia.
```

*Copla*

– 3 o 4 versos octosílabos

– Sirve de canción popular

Estas formaciones pueden irse repitiendo hasta formar una canción. Numerosas composiciones de música popular siguen este modelo.

Con divisa verde y oro
*Vino en un rayo de luna,*

> de luna del mes de enero,
>
> era un chiquillo de Osuna,
>
> que quería ser torero.
>
> Ganadera salmantina,
>
> yo la nombro por madrina,
>
> que el dinero y el cartel,
>
> si algún día lo consigo,
>
> pongo al cielo por testigo,
>
> que me caso con usted.

Concha Piquer

*Égloga*
– Poema bucólico (de asunto pastoril o campestre)
– Trata del amor entre pastores

> *El dulce lamentar de dos pastores,*
>
> *Salicio juntamente y Nemoroso,*
>
> *he de contar, sus quejas imitando;*
>
> *cuyas ovejas al cantar sabroso*
>
> *estaban muy atentas, los amores,*
>
> *de pacer olvidadas, escuchando.*
>
> *Tú, que ganaste obrando*
>
> *un nombre en todo el mundo,*

*y un grado sin segundo,*

*agora estés atento, solo y dado*

*al ínclito gobierno del Estado,*

*Albano; agora vuelto a la otra parte,*

*resplandeciente, armado,*

*representando en tierra el fiero Marte;*

Garcilaso de la Vega (fragmento)

*Elegía*
– Poema extenso
– Expresa sentimiento de dolor, melancolía y tristeza
* Elegía heroica –> cuando la calamidad es colectiva

Al perderte yo a ti...
*Al perderte yo a ti, tú y yo hemos perdido:*
*yo, porque tú eras lo que yo más amaba*
*y tú porque yo era el que te amaba más.*
*Pero de nosotros dos tú pierdes más que yo:*
*porque yo podré amar a otras como te amaba a*
*ti, pero a ti no te amarán como te amaba yo.*

Ernesto Cardenal

*Epigrama*

– Poema muy breve, gracioso y satírico

    El orador

    *Son míos los versos.*

    *Cuando los declamas*

    *se vuelven de todos y pierdes la propiedad*

*Epitafio*

– Inscripción hecha sobre una tumba

– Poema breve con una reflexión filosófica o recuerdo de la persona fallecida

    *"Disculpe que no me levante, señora."*

    Groucho Marx

*Himno*

– Poema de tono solemne creado para ser cantado

– Resalta fervor religioso, patriótico, deportivo, etc.

    Himno al mar

    *Oh mar, oh mito, oh largo lecho*

    *Y sé por qué te amo. Sé que somos muy viejos.*

    *Que ambos nos conocemos desde siglos.*

*Sé que en tus aguas venerandas y rientes ardió la aurora de la Vida.*

*(En la ceniza de una tarde terciaria vibré por primera vez en tu seno).*

*Oh proteico, yo he salido de ti.*

*Ambos encadenados y nómadas;*

*Ambos con un sed intensa de estrellas;*

*Ambos con esperanzas y desengaños;*

*Ambos, aire, luz, fuerzan, oscuridades;*

*Ambos con nuestro vasto deseo y ambos con nuestra grande miseria.*

Jorge Luis Borges

*Haiku*

– 3 versos

– Generalmente, expresa amor por la naturaleza

*Este camino*

*nadie ya lo recorre,*

*salvo el crepúsculo.*

Matsuo Basho

*Prosa poética*

-Expresa mundo interior del hablante lírico, se escribe en prosa

Prosa: Forma de expresión lingüística habitual, no sujeta a la medida y cadencia del verso.

El perro y el frasco

*-Lindo perro mío, buen perro, chucho querido, acércate y ven a respirar un excelente perfume, comprado en la mejor perfumería de la ciudad.*

*Y el perro, meneando la cola, signo, según creo, que en esos mezquinos seres corresponde a la risa y a la sonrisa, se acerca y pone curioso la húmeda nariz en el frasco destapado; luego, echándose atrás con súbito temor, me ladra, como si me reconviniera.*

*Greguerías*
— Frase o pensamientos curiosos, irónicos o humorísticos.
Es una sucesión de palabras que se usa en literatura para dar acento a una idea. Puede ser ascendente, para llegar a un clímax, o descendente para justo lo contrario.

*¿De qué sirve sembrar locos amores,*
*si viene un desengaño que se lleva*

*árboles, ramas, hojas, fruto y flores?*

En esta estrofa, el poeta va de más a menos para remarcar un desamor (árbol es más que rama, rama es más que hoja, hoja es más que fruto y fruto es más que flor).

*Refrán*

– Dicho popular que contiene una moraleja.

Los refranes son sentencias breves que suelen transmitir algún tipo de enseñanza de tipo moral, sobre cómo actuar en determinadas circunstancias, o bien algún pensamiento, tradición u observación ampliamente arraigada en una sociedad.

Los refranes, que a diferencia de los proverbios son expresiones populares y no eruditas, se han transmitido entre generaciones de forma oral y algunos de ellos tan sólo se usan en limitadas zonas geográficas.

Ejemplo 1:

*"A lo hecho, pecho". Transmite la idea de que hay que saber afrontar las consecuencias que se derivan de nuestros actos. Muchos refranes*

son rimas en forma de pareado para ser más fáciles de recordar.

Ejemplo 2:
"A palabras necias, oídos sordos". Quiere decir que si alguien te dice alguna tontería para hacerte daño gratuitamente, es mejor no contestar; hacer ver que no hemos oído nada. Otra variedad sería "No hay mayor desprecio que no hacer aprecio" que viene a decir lo mismo.

¿Qué es un poema o texto poético?
A grandes rasgos, un poema es un tipo de texto por el cual el poeta busca expresar sus sentimientos. En términos comunicativos, es cuando la intención que el emisor pone en el mensaje está centrada en el mensaje mismo, por esa razón existe un predominio de dicha función (poética). El poema tiene su origen en la antigüedad griega, época en que la lira (instrumento musical) era utilizada para acompañar las palabras. Es por lo tanto la forma más antigua de

expresión artística y tiene su origen en la oralidad.

*Características del poema o texto poético*
Un texto poético presenta diversos elementos que lo hacen característico.

A continuación encontrarás una enumeración descriptiva que te ayudará a comprender sus particularidades.

> 1) El texto poético es un texto que busca expresar sentimientos. Quien escribe el texto se llama poeta y la voz ficticia que está presente dentro del poema se conoce como hablante lírico.
>
> 2) El hablante lírico debe tener una actitud frente al mundo que está representando. Esta actitud puede ser carmínica (de la canción), en la cual predomina un yo; puede ser apostrófica (dialógica), donde predomina la segunda persona singular (tú); o puede ser enunciativa (contexto), donde predomina la intención de contar una historia en tercera persona (él) de forma poética.

3) El hablante lírico representa sus sentimientos (motivos líricos) a través de objetos tangibles que presenta a través del poema (objetos líricos).

4) Una forma de enriquecer el poema en términos lúdicos, expresivos u ornamentales es a través de figuras retóricas (o literarias). Existen varias, como por ejemplo la metáfora, la sinestesia, el epíteto, la comparación, etc. Puedes encontrar en ésta página las maneras de utilizarlas.

5) El poema puede estar supeditado al uso de rimas de carácter métrico, o bien puede tratarse de un verso más libre. Dicha decisión dependerá de la intención rítmica del poeta.

6) Un poema es una serie de estrofas en verso, una estrofa es una serie de versos dividida por un espacio y un verso es una línea del poema.

## Cómo hacer un poema o texto poético en 6 pasos

A diferencia de otros textos más rígidos en su estructura, existen muchas formas de escribir un texto poético. En estricto rigor es un texto libre, por lo que no debiese existir un manual para escribirla. A pesar de lo anterior, te proponemos éste manual como un punto de partida a una experiencia mucho más personal y liberadora de escritura poética.

> 1. Lo primero que debiese existir en ti es la intención de expresar algo. Toda expresión de una interioridad implica un sentimiento, por lo que entenderemos esta interioridad como el fundamento de tu poema. Si hay un sentimiento que predomina a la hora de escribir, ese es el temple de ánimo. Es decir, el ánimo que predominará a lo largo del texto que escribirás. Si tu sentimiento es de tristeza, muy probablemente ese sea el temple de ánimo de tu poema.
> 
> 2. Lo segundo es crear una voz para tu poema. Tal como en la narrativa existe un narrador que

cuenta la historia, en la poesía existe una voz ficticia que recibe el nombre de hablante lírico. Este hablante lírico no tiene que estar definido necesariamente, sin embargo es bueno que sepas tú por lo menos de qué o quién se trata. El hablante lírico puede ser una persona (un hombre), un animal (un perro), una cosa (el planeta tierra) o incluso, una idea abstracta (la esperanza).

3. Lo tercero es descubrir la actitud lírica que tendrá esa voz que has creado. Podrías escoger que esa voz hable desde su interioridad únicamente (actitud carmínica), que dialogue con otro (apostrófica) o bien, que cueste la historia de un tercero (actitud enunciativa).

4. Una vez que has escogido la actitud de tu hablante, entonces debes comenzar a representar lo que quieres expresar a través de las palabras. La poesía te permite jugar en todos los niveles del lenguaje, a nivel sintáctico (forma), semántico (significado), pragmático

(discurso), etc. Aprovecha ese hecho a favor de tu potencial creativo. Escoge cuantos objetos tangibles puedas reconocer en tu entorno (objetos líricos) y utilízalos para representar sentimientos (motivo lírico) a través de tu poema. Recuerda que todo objeto lírico en un poema implica un motivo lírico o sentimiento.

5. No olvides que existen las figuras retóricas. Son muchísimas y puedes comprender a través de esta misma página como utilizarlas. Imagínalas como los efectos especiales con los que puedes dotar a tu poema. Verdaderos artificios que llenan de expresividad, ornamento y carácter lúdico a tu poema.

6. Tu poema puede responder a la tradición métrica, es decir tener rimas consonantes, asonantes o bien, ser de rima blanca (sin rimas). Utilízala si sientes que aporta al ritmo de tu poema, o si sientes que te ayudará a memorizar el texto (Mnemotecnia).

## Tipos de estrofas y poemas

Conocer todos los tipos de poemas y las clases de estrofas que existen es fundamental en el mundo de la literatura.

*Poemas cortos*

Continuamos descifrando el mundo lírico, tras los artículos "La métrica y la rima de un poema" y "La métrica de un poema: el verso y sus medidas", cerramos este tema de literatura describiéndoos los diferentes tipos de poemas que vais a encontrar y cuántas clases de estrofas tenéis que aprender a distinguir.

*Clases de estrofas*

La estrofa es un conjunto de versos que suelen compartir la medida y el ritmo.
Aprender a distinguir los diferentes tipos de estrofas es lo más sencillo que vais a encontrar en la métrica de los poemas, pues sólo tenéis que contar el número de versos para saber ante qué poema estamos.

*Pareado*

El pareado se compone de dos versos que puedes ser de arte menor, de arte mayor o una composición de ambas. Normalmente la rima es consonante pero pueden ser de rima asonante.

*Aunque la mona se vista de seda,*
*mona se queda.*

*Terceto*

Son tres versos de arte mayor en el que la rima es consonante en el primer y tercer verso, y el segundo suele quedar libre. Cuando el terceto aparece encadenado, el segundo verso que ha quedado suelto suele rimar con el primero y tercero de la siguiente estrofa, un ejemplo:

Epístola Moral a Fabio
*Pasáronse las flores del verano*
*el otoño pasó con sus racimos,*
*pasó el invierno con sus nieves cano;*
*las hojas que en las altas selvas vimos*
*cayeron y nosotros a porfía.*
*En nuestro engaño, inmóviles vivimos.*

*Temamos al Señor que nos envía*
*las espigas del año y de la hartura,*
*y la temprana pluvia y la tardía.*

*Estrofas de cuatro versos*

Dentro de esta categoría tenemos que distinguir varios tipos de estrofas compuestas por cuatro versos:

-Cuarteto: son cuatro versos de arte mayor que riman de forma consonante, el primero con el cuarto y el segundo con el tercero.

-Serventesio: Son cuatro versos de arte mayor que riman en consonante, el primero con el tercero y el segundo con el cuarto. Será la rima lo que los diferencie del cuarteto.

-Cuarteta: son cuatro versos de arte menor pero riman igual que el serventesio.

-Redondilla: son cuatro versos de arte menor que riman igual que el cuarteto.

*Estrofas de cinco versos*

Hay tres tipos de estrofas de cinco versos que resultan fáciles de distinguir si os aprendéis bien estas definiciones:

-Quinteto: está compuesto por cinco versos de arte mayor con rima consonante pero, un detalle importante, ningún verso puede quedar suelto ni rimar los tres seguidos o que los dos últimos conformen un pareado.

> *"Sólo la edad me explica con certeza*
> *por qué un alma constante, cual la mía,*
> *escuchando una idéntica armonía,*
> *de lo mismo que hoy saca tristeza*
> *sacaba en otro tiempo la alegría"*
> Ramón de Campoamor

-Quintanilla: Cinco versos de arte menor con rima consonante que mantiene el mismo esquema métrico que el anterior.

-Lira: Es una estrofa compuesta de cinco versos que cuentan con 7 y 11 sílabas, su rima es consonante.

*Estrofas de seis versos*

Dentro de esta categoría nos encontramos dos tipos de estrofas con seis versos:

-Sextina: estas estrofas están compuestas por seis versos de arte mayor que no tienen rima fija.

-Copla de pie quebrado: es una estrofa compuesta de seis versos, de 4 y 8 sílabas, con rima consonante, que también recibe el nombre de Copla Manriqueña.

*Recuerde el alma dormida,*
*avive el seso y despierte,*
*contemplando*
*cómo se pasa la vida,*
*cómo se viene la muerte*
*tan callando.*

Jorge Manrique

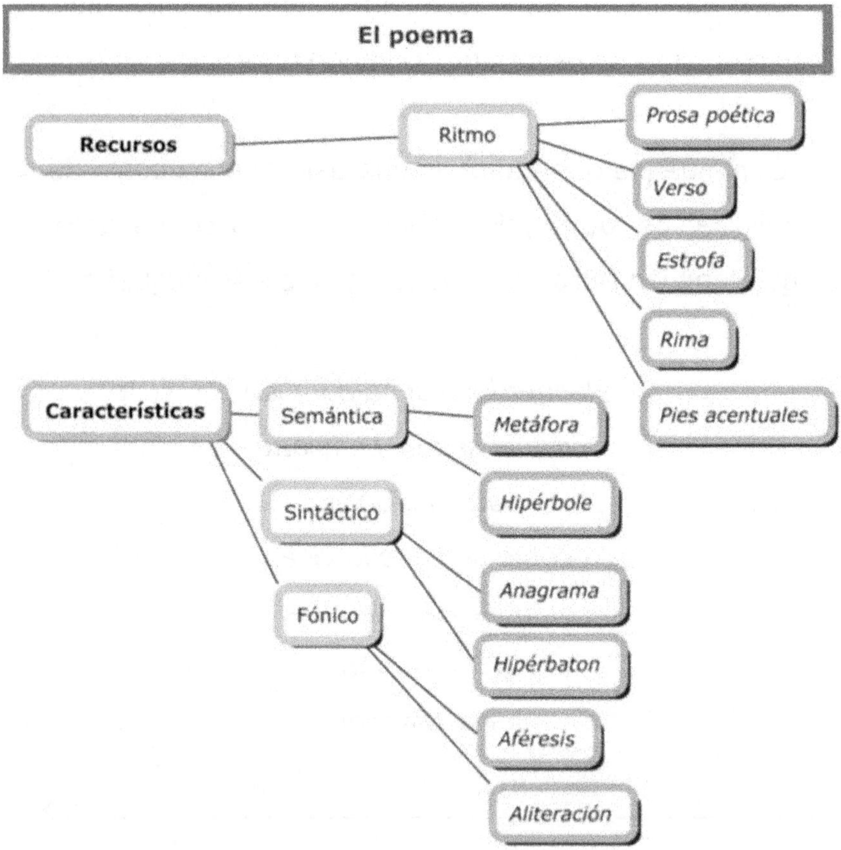

```
                           El poema
┌─────────────┐
│  Recursos   │──────── Ritmo ──── Prosa poética
└─────────────┘              ├──── Verso
                             ├──── Estrofa
                             ├──── Rima
                             └──── Pies acentuales

┌──────────────────┐
│ Características  │──── Semántica ──── Metáfora
└──────────────────┘              └──── Hipérbole
                    ├── Sintáctico ──── Anagrama
                    │              └──── Hipérbaton
                    └── Fónico ──────── Aféresis
                                   └──── Aliteración
```

Cómo escribir tus poesías  Miguel D'Addario

**Ejercicio 3: Listas de aliteraciones y asonancias**

Crea una lista con series de palabras con las que sea posible crear aliteraciones o asonancias.

Recuerda que una aliteración consiste en el efecto sonoro producido por la repetición consecutiva de un mismo fonema, o de fonemas similares, en una oración o en un verso; por ejemplo: Bajo el ala aleve del leve abanico (Rubén Darío). Mientras que la asonancia consistente en la repetición de sonidos, generalmente las vocales de una frase; por ejemplo: Allí arriba, en alta sierra (Romance de la penitencia del rey Rodrigo).

## Ejercicio 4: Metáforas y símiles para la vida

Haz una lista de los eventos importantes de la vida: el nacimiento, la muerte, el matrimonio, el nacimiento de un hijo. Por supuesto, puedes pensar acontecimientos vitales que para ti tengan relevancia, al margen de los tópicos. A continuación, propón una metáfora y un símil para cada uno de dichos eventos.

Recuerda que una metáfora consiste en identificar algo real con algo imaginario; por ejemplo: No es el infierno, es la calle (Federico García Lorca). Por su parte, un símil expresa la semejanza que hay entre dos cosas; por ejemplo: Unos cuerpos son como flores (Luis Cernuda).

Bonus: escribe un poema sobre uno de los acontecimientos vitales utilizando sólo la metáfora o el símil que ha elegido. Intenta que lo que escribas resulte un poco ambiguo, de manera que el lector se plantee si el poema es, literalmente, sobre la metáfora; o metafóricamente sobre el acontecimiento elegido.

## Ejercicio 5: Letras y musicalidad

Elige una canción pegadiza que te guste y reescribe la letra. Intenta que la letra que escribas no tenga nada que ver con el tema original de la canción. Lo que busca este ejercicio es que prestes atención a como los versos se adhieren al ritmo y el compás.
Escuchar la canción mientras trabajas en la nueva letra te será de ayuda.

## Ejercicio 6: Escritura de palabras

Entre todos esos ejercicios está uno que permite hacer juegos de palabras, creación de versos o estrofas. Es utilizado en muchos talleres de creación y consiste en:

**Hacer recortes de palabras de un periódico o revista, revolverlos en un contenedor y sacar uno por uno al azar e ir formando los versos.**

Puede parecer que son palabras aisladas pero luego se pueden acomodar con conectores e ir intercambiando género y número de cada palabra. Con dicho ejercicio se logra jugar con el lenguaje y ofrecer una gama de posibilidades para estructurar frases.

## Ejercicio 7: Lista de palabras

Hacer tres listas con el mismo número de palabras, una para sustantivos, otra para verbos y otra para adjetivos, para luego escribir versos.
Por ejemplo:

Sustantivos, Verbos, Adjetivos

Casa, Sonreír, Sordo.

Agua, Soñar, Alegre.

Caballo, Correr, Violeta.

Luego de hacer las listas se intentará hacer cruces de palabras:

Sueño con agua violeta

cerca de una casa que sonríe

a los alegres caballos

que corren a los sordos campos

Algo importante en el ejercicio de la escritura es crear un hábito personal. Hay escritores que se obligan a escribir diariamente un determinado número de páginas. Hay quienes se tardan hasta 10 años en escribir un solo libro. Lo importante es buscar un estilo propio, fijar bien las metas y leer a la par de la escritura.

## Ejercicio 8: Ejercicio de métrica

Ejercicios de análisis métrico.

| estrofa | medida de versos | esquema de rima | clase de rima | nombre estrofa |
|---|---|---|---|---|
| En el corazón tenía<br>la espina de una pasión;<br>logré arrancármela un día:<br>ya no siento el corazón | 8<br>8 (7+1)<br>8<br>8 (7+1) | a<br>b<br>a<br>b | consonante | cuarteta |
| Nadie se atreve a salir:<br>la plebe grita indignada,<br>las damas se quieren ir<br>porque la fiesta empezada<br>no puede ya proseguir. | | | | |
| Muerto se quedó en la calle<br>con un puñal en el pecho.<br>No lo conocía nadie. | | | | |
| La tarde más se oscurece<br>y el camino que serpea<br>y débilmente blanquea<br>se enturbia y desaparece. | | | | |
| Yo vi sobre un tomillo<br>quejarse un pajarillo | | | | |
| Nadie más cortesano ni pulido<br>que nuestro rey Felipe, que Dios guarde,<br>siempre de negro hasta los pies vestido<br>  Es pálida su tez como la tarde,<br>cansado el oro de su pelo undoso,<br>y de sus ojos, el azul, cobarde<br>  Sobre su augusto pecho generoso<br>ni joyeles perturban ni cadenas<br>el negro terciopelo silencioso<br>  Y en vez de cetro real, sostiene apenas,<br>con desmayo galán, un guante de ante<br>la blanca mano de azuladas venas. | | | | |
| A mí una pobrecilla<br>mesa de amable paz bien abastada<br>me baste, y la vajilla<br>de fino oro labrada<br>sea de quien la mar no teme airada. | | | | |
| ¿Qué tengo yo que mi amistad procuras?<br>¿Qué interés se te sigue, Jesús mío,<br>que a mi puerta, cubierto de rocío,<br>pasas las noches del invierno oscuras? | | | | |
| Anda y ve y dile a tu madre,<br>si no me quiere por pobre,<br>que el mundo da muchas vueltas....<br>y ayer se cayó una torre. | | | | |
| Esta corona, adorno de mi frente;<br>esta sonante lira y flautas de oro,<br>y máscaras alegres que algún día<br>me disteis, sacras musas, de mis manos<br>trémulas recibid, y el canto acabe.<br>                (L.F. de Moratín) | | | | |

| estrofa | medida de versos | esquema de rima | clase de rima | nombre estrofa |
|---|---|---|---|---|
| El dueño fui de mi jardín de sueño lleno de rosas y de cisnes vagos; el dueño de las tórtolas, el dueño de góndolas y liras en los lagos (R. Darío) | | | | |
| ¡Qué bien a la madrugada correr en las vagonetas llenas de nieve salada hacia las blancas casetas! (R. Alberti) | | | | |
| El río Guadalquivir va entre naranjos y olivos. Los dos ríos de Granada bajan de la nieve al trigo. | | | | |
| Cuando las estrellas clavan rejones al agua gris, cuando los erales sueñan verónicas de alhelí, voces de muerte sonaron cerca del Guadalquivir. (F.García Lorca) | | | | |
| ¡Oh, terremoto mental! Yo sentí un día en mi cráneo como el caer subitáneo de una Babel de cristal (R. Darío) | | | | |
| Ingrata la luz de la tarde, la lejanía en gris de plomo, los olivos de azul cobarde, el campo amarillo de cromo. Se merienda sobre el camino, entre el polvo y humo de churros, y manchan las heces del vino las chorreras[1] de los baturros (R.M. Valle-Inclán) | | | | |
| Y antes que poeta, mi deseo primero hubiera sido ser un buen banderillero (M. Machado) | | | | |
| No he de callar por más que con el dedo, ya tocando la boca o ya la frente, silencio avises o amenaces miedo. ¿No ha de haber un espíritu valiente? ¿Siempre se ha de sentir lo que se dice? ¿Nunca se ha de decir lo que se siente? | | | | |
| El que en treinta lacayos los divide, hace suerte en el toro y con un dedo la hace en él la vara que los mide. Mandadlo así, que aseguraros puedo que habéis de restaurar más que Pelayo; pues valdrá por ejércitos el miedo, y os verá el cielo administrar su rayo (Quevedo) | | | | |
| No me mires, que miran que nos miramos, y verán en tus ojos que nos amamos. (Anónimo) | | | | |

[1] Adorno de encaje que se adapta a la pechera de la camisa.

# Cómo escribir tus poesías  Miguel D'Addario

| estrofa | medida de versos | esquema de rima | clase de rima | nombre estrofa |
|---|---|---|---|---|
| Pues andáis en las palmas,<br>ángeles santos,<br>que se duerme mi niño,<br>¡tened los ramos!<br>(Lope de Vega) | | | | |
| Una fiesta se hace<br>con tres personas:<br>uno baila, otro canta<br>y el otro toca.<br>Ya me olvidaba<br>de los que dicen "ole"<br>y tocan palmas.<br>(M. Machado) | | | | |
| Yo soy aquel que ayer no más decía<br>el verso azul y la canción profana,<br>en cuya noche un ruiseñor había<br>que era alondra de luz por la mañana.<br>(R. Darío) | | | | |
| Y todo un coro infantil<br>va cantando la lección:<br>mil veces ciento, cien mil;<br>mil veces mil, un millón.<br>(A. Machado) | | | | |
| ¡Ah, si el mundo fuera siempre<br>una tarde perfumada,<br>yo lo elevaría al cielo<br>en el cáliz de mi alma!<br>(J.R. Jiménez) | | | | |
| Yo no sé lo que busco eternamente<br>en la tierra, en el aire, en el cielo;<br>yo no sé lo que busco; pero es algo<br>que perdí no sé cuándo y que no encuentro.<br>(R. de Castro) | | | | |
| Es algo formidable que vio la vieja raza;<br>robusto tronco de árbol al hombro de un campeón<br>salvaje y aguerrido, cuya formidable maza<br>blandiera el brazo de Hércules o el brazo de Sansón.<br>(R. Darío) | | | | |
| Por la costanilla azul<br>remonta la luna clara.<br>Noche de julio serena.<br>Velan el viento y el agua.<br>(E. de Mesa) | | | | |
| ¡Quién pudiera desleírse<br>en esa tinta tan vaga,<br>que inunda el espacio de ondas<br>puras fragantes y pálidas<br>(J.R. Jiménez) | | | | |
| Venturoso es el futuro,<br>como aquellos horizontes<br>de pórfido y mármol puro<br>donde respiran los montes.<br>(M. Hernández) | | | | |
| ¡Qué triste es tener sin flores<br>el santo jardín del alma,<br>soñar con almas en flor,<br>soñar con sonrisas plácidas,<br>con ojos dulces, con tardes<br>de primaveras fantásticas...!<br>¡Qué triste es llorar, sin ojos<br>que contesten nuestras lágrimas,<br>estando toda la noche,<br>como unos ojos, mirándolas!<br>(J.R. Jiménez) | | | | |

# Cómo escribir tus poesías  Miguel D'Addario

| estrofa | medida de versos | esquema de rima | clase de rima | nombre estrofa |
|---|---|---|---|---|
| A la sombra de un chopo<br>yace un gitano,<br>tendido boca arriba,<br>muerto o borracho;<br>y por la boca,<br>la nariz y los ojos<br>le andan las moscas.<br>(A. Ros de Olano) | | | | |
| Los besos y los suspiros,<br>las lágrimas y las quejas,<br>¿quién sabe de dónde viene<br>y dónde el viento las lleva?<br>(A. Ferrán) | | | | |
| La música despliega en claridades<br>las ilusiones del sonido mismo.<br>Pendiente de los cielos hay ciudades<br>vencedoras. Resaltan con su abismo.<br>(J Guillén) | | | | |
| Ya es corazón mi lengua lenta y larga,<br>mi corazón ya es lengua larga y lenta...<br>¿Quieres contar sus penas? Anda y cuenta<br>los dulces granos de la arena amarga.<br>(M. Hernández) | | | | |
| Tendió las redes, ¡qué pena!<br>Por sobre la mar helada.<br>Y pescó la luna llena,<br>sola, en la red plateada.<br>(R. Alberti) | | | | |
| La luz que del cielo vino,<br>la luz que del cielo viene,<br>ya junto al mar se detiene,<br>¡quizás no sabe el camino!<br>(L. Rosales) | | | | |
| El céfiro que vuela como un ángel nocturno,<br>da el amor de sus alas al monte taciturno,<br>y blanca como un sueño, en la cumbre del monte,<br>el ave de la luz entreabre el horizonte.<br>(R.M. Valle-Inclán) | | | | |
| El buen caballero partió de su tierra;<br>allende los mares la gloria buscó;<br>los años volaban, se acabó la guerra;<br>y allende los mares hasta él voló,<br>voló un triste viento de su dulce tierra.<br>(P. Piferrer) | | | | |
| Si de mi baja lira<br>tanto pudiese el son, que en un momento<br>aplacase la ira<br>del animoso viento,<br>y la furia del mar y el movimiento<br>(Garcilaso) | | | | |
| Cerca del Tajo, en soledad amena,<br>de verdes sauces hay una espesura,<br>toda de hiedra revestido y llena,<br>que por el tronco va hasta el altura,<br>y así la teje arriba y encadena,<br>que el sol no halla paso a la verdura;<br>el agua baña el prado con sonido<br>alegrando la vista y el oído.<br>(Garcilaso) | | | | |

**Cómo escribir tus poesías**    *Miguel D'Addario*

| estrofa | medida de versos | esquema de rima | clase de rima | nombre estrofa |
|---|---|---|---|---|
| ¿Dónde está ya el mediodía<br>luminoso en que Gabriel<br>desde el marco del dintel<br>te saludó: -Ave María?<br>Virgen ya de la agonía,<br>tu Hijo es el que cruza ahí.<br>Déjame hacer junto a ti<br>ese augusto itinerario.<br>Para ir al monte Calvario,<br>cítame en Getsemaní.<br>(G. Diego) | | | | |
| Un soneto me manda hacer Violante,<br>que en mi vida me he visto en tal aprieto;<br>catorce versos dicen que es soneto;<br>burla burlando van los tres delante.<br>Yo pensé que no hallara consonante,<br>y estoy a la mitad de otro cuarteto;<br>mas si me veo en el primer terceto,<br>no hay cosa en los cuartetos que me espante.<br>Por el primer terceto voy entrando,<br>y aun parece que entré con pie derecho,<br>pues fin con este verso le estoy dando.<br>Ya estoy en el segundo, y aun sospecho<br>que estoy los trece versos acabando;<br>contad si son catorce, y está hecho.<br>(L. de Vega) | | | | |
| - "¡Voto a Dios que me espanta esta grandeza<br>y que diera un doblón por describilla!<br>Porque ¿a quién no sorprende y maravilla<br>esta máquina² insigne, esta riqueza?<br>Por Jesucristo vivo, cada pieza<br>vale más de un millón, y que es mancilla<br>que esto no dure un siglo, oh gran Sevilla,<br>Roma triunfante en ánimo y nobleza.<br>Apostaré que el ánima del muerto,<br>por gozar este sitio, hoy ha dejado<br>la gloria donde vive eternamente."<br>Esto oyó un valentón y dijo: -"Es cierto<br>cuanto dice voacé³, señor soldado,<br>y el que dijere lo contrario miente."<br>Y luego incontinente⁴,<br>caló el chapeo⁵, requirió la espada,<br>miró al soslayo, fuese y no hubo nada.<br>(Cervantes) | | | | |
| Pura, encendida rosa<br>émula de la llama<br>que sale con el día,<br>¿cómo naces tan llena de alegría,<br>si sabes que la edad que te da el cielo<br>es apenas un breve y veloz vuelo?<br>Y no valdrán las puntas de tu rama<br>ni tu púrpura hermosa<br>a detener un punto<br>la ejecución del hado presurosa.<br>(Rioja) | | | - | |

²*máquina*: artefacto (el túmulo).
³*voacé*: vuestra merced, usted.
⁴*Incontinente*: al instante.
⁵*chapeo*: sombrero.

# Cómo escribir tus poesías        *Miguel D'Addario*

| estrofa | medida de versos | esquema de rima | clase de rima | nombre estrofa |
|---|---|---|---|---|
| Las piquetas de los gallos<br>cavan buscando la aurora,<br>cuando por el monte oscuro<br>baja Soledad Montoya.<br>Cobre amarillo, su carne<br>huele a caballo y a sombra.<br>Yunques ahumados, sus pechos,<br>gimen canciones redondas.<br>-Soledad, ¿por quién preguntas<br>sin compaña y a estas horas?<br>-Pregunte por quien pregunte,<br>dime, ¿a ti qué se te importa?<br>Vengo a buscar lo que busco,<br>mi alegría y mi persona.<br>-Soledad de mis pesares,<br>caballo que se desboca<br>al fin encuentra la mar<br>y se lo tragan las olas.<br>(F. García Lorca) | | | | |
|    *Allá se me ponga el sol*<br>*do tengo el amor.*<br>   Allí se me pusiese<br>do mis amores viese,<br>antes que me muriese<br>con este dolor.<br>   *Allá se me ponga el sol*<br>*do tengo el amor.*<br>(Anónimo) | | | | |
|    Mañanicas floridas<br>del frío invierno<br>*recordad[º] a mi Niño*<br>*que duerme al hielo*<br>   Mañanicas dichosas<br>del frío diciembre,<br>aunque el cielo os siembre<br>de flores y rosas,<br>   pues sois rigurosas<br>y Dios es tierno<br>*recordad a mi Niño*<br>*que duerme al hielo*<br>(Anónimo) | | | | |
| Todo para el fuego. Nada para el gusano<br>de la tierra. Todas mis pertenencias para el fuego<br>estos espejos,<br>estos curvos y rotos espejos<br>con su torcido y sucio azogue fantasmal de veneno.<br>Sólo existen espejos:<br>el mar y esta lágrima...esta gotita amarga de agua.<br>No quiero verme más.<br>Nada para el gusano de la tierra,<br>que se lo come un pez<br>y al pez un rey<br>y el rey vuelve a mirarse en un espejo.<br>Todas mis pertenencias para el fuego:<br>mi carne helada, mi carne paralítica también,<br>y mi esqueleto,<br>esta jaula grotesca de mis huesos<br>donde cantaba ayer el mirlo ciego.<br>Al fuego todo... ¡También el mirlo ciego!<br>(León Felipe) | | | | |

[º]*Recordad*: despertad.

**Cómo escribir tus poesías**  *Miguel D'Addario*

### Ejercicio 9: Mapa guía para escribir un poema

Seleccionando algunos parámetros del siguiente Mapa, realiza un poema de 2 estrofas, sin rima y con versos de 14 sílabas.

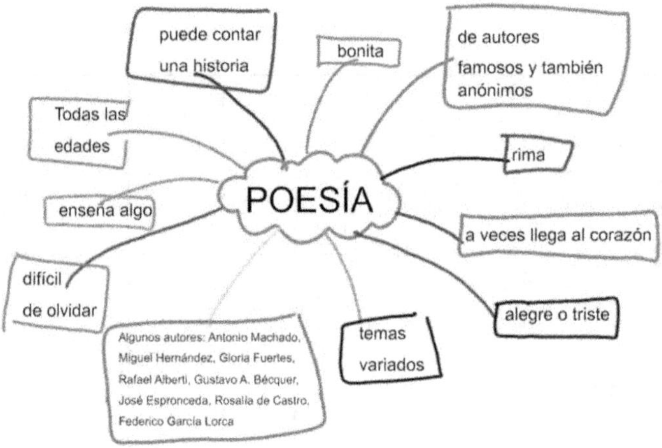

```
                puede contar                de autores
                una historia    bonita     famosos y también
                                            anónimos
    Todas las
    edades                                        rima
                          POESÍA
    enseña algo
                                      a veces llega al corazón
  difícil
  de olvidar                                alegre o triste
              Algunos autores: Antonio Machado,
              Miguel Hernández, Gloria Fuertes,   temas
              Rafael Alberti, Gustavo A. Bécquer, variados
              José Espronceda, Rosalía de Castro,
              Federico García Lorca
```

### Ejercicio 10: Escribe un soneto

Escribe un soneto con rima consonante ABAB, de versos alejandrinos y que hable sobre el amor.

## Ejercicio 11: Escribe una Oda

Escribe ua Oda de tema libre, en tres estrofas de 4 versos.

Cómo escribir tus poesías  Miguel D'Addario

### Ejercicio 12: Escribir un romance

Escribe un romance de acuerdo a su estructura antes detallada. Sobre una historia determinada, identificada en el propio título.

**Ejercicio 13: Crear poemas a partir de ejemplos dados**

A partir de un poema ejemplo dado, realizar otro poema de igual características.

## TECNICAS PARA INVENTAR POEMAS

**Preguntas y respuestas** (*¿qué o quién es?, ¿dónde está?, ¿cómo es?, ¿qué hace?, ¿qué piensas de él?, ¿qué te gustaría decirle?*). **Por ejemplo**

> Mi pez, mi lindo pez,
> en el cielo.
> Era tan hermoso...
> Dulce, juguetón, rojo.
> Nada y nada sin parar.
> Lo quiero mucho
> ¡Te echo de menos!

**Comparación, creando cuatro versos con rima 1-3 y 2-4:**

> El reloj es como una bola.
> La brisa como un susurro.
> El viento como una ola.
> Mi profe, menudo un churro.

**Comenzando un verso con "aunque" y el siguiente con "siempre" y repitiendo alternativamente la fórmula. Por ejemplo:**

> Aunque mi casa se derrumbe
> siempre la recordaré.
> Aunque mi casa se incendie
> siempre bomberos tendré.
> Aunque mi casa se inhunde
> siempre con ella estaré.

**Encadenamientos:**

> En la tierra hay muchas flores,
> en las flores hay pétalos,
> en los pétalos hay polen,
> en el polen hay abejas,
> las abejas se lo comen.

### Utilizando una expresión de alegría que pudiéramos repetir. Por ejemplo, con la expresión ¡Cuánta alegría! Tendríamos:

¡Cuanta alegría!
Ya terminé el trabajo
me siento un bicharrajo.
¡Cuanta alegría!
Me voy para mi casa
me siento en la terraza.
¡Cuanta alegría!
Me como una sandía
me tumbo todo el día
¡Cuanta alegría!

### Negando acciones. Por ejemplo:

La oveja bala.
Mi canario pía.
La leona juega.

La oveja ya no bala,
ya no tiene hambre.
El canario no pía,
está triste.
La leona ya no juega,
se siente triste...

### Utilizando comparaciones y olvidándonos de la rima

La música es...
como el viento,
como un caramelo,
como el despertar,
como el sonido del bosque.

### Con la fórmula "yo quiero ser..., pero soy...". Por ejemplo

Yo quiero ser zapatero,
pero soy un bombero.
Yo quiero ser pianista,
pero soy violinista.
Yo quiero ser profesor
pero soy repartidor.
Yo quiero ser tiburón
pero soy un campeón.

## Recomendaciones para escribir poesía

Es frecuente considerar que, para escribir un poema, basta con saber capturar un sentimiento que se ha experimentado.

Sin duda, esa puede ser la base de un buen poema, pero, si no se hace bien, esa recreación de un sentimiento puede ser solo comprensible para el poeta.

Y es que el objetivo al escribir un poema debe ser comunicarse con un lector —basándose en las convenciones establecidas de un género literario, convenciones que serán familiares para el lector con experiencia— y generar una respuesta emocional en él.

Los consejos para escribir poesía que ofrecemos a continuación buscan hacer realidad una transición entre los poemas que solo logran hablar a su autor y aquellos que apelan a los sentimientos y emociones de cualquier lector.

*Tener clara la meta*

Si no sabes a dónde vas, ¿cómo podrás llegar? El primer paso para escribir un poema es tener claro qué quieres transmitir con él.

Por tanto, antes de comenzar a escribir, pregúntate qué persigues con tu poema: ¿describir un acontecimiento de tu vida, protestar contra una injusticia social, o describir la belleza de la naturaleza?

Una vez que tenemos claro el objetivo de tu poema, puedes conformar su escritura tomando cada elemento principal y poniéndolo al servicio del sentido último del poema.

*Evitar clichés*

En poesía un cliché suele ser una metáfora o un símil que se ha vuelto tan familiar por el uso excesivo que ya no aporta ningún significado para el lector. No proporciona la viveza de una metáfora fresca, pero es que tampoco tiene la fuerza de una palabra sencilla.

Los clichés vuelven insípido el significado. Porque resultan tan familiares que el lector puede completar las frases sin tener que leerlas. Y si no leen lo que escribes, tampoco reflexionar sobre ello; y si no reflexionan jamás descubrirán aquellos significados profundos que marcan la obra de un poeta.

¿Problemas para comenzar con esa novela que te ronda por la cabeza?

Con la guía gratuita Claves para empezar a escribir tu novela tendrás respuesta a todas tus dudas:

*Cómo preparar los datos para hacer el primer borrador*

La fórmula para estructurar tus ideas y crear una trama sólida.

Ejercicios para poner en práctica estas claves.

Prepárate para terminar tu novela y convertirte en un profesional de la escritura. Solo tienes que registrarte aquí debajo:

*Claves para empezar a escribir*

Al escribir un poema, huye de los clichés.

Evitar el sentimentalismo

Algunos poemas se basan en una apelación contundente a las emociones. Sin embargo, los lectores pueden rebelarse ante los intentos demasiado evidentes de invocar una respuesta emocional en ellos, produciéndose entonces justo el efecto contrario al deseado.

Las emociones deben fluir en un buen poema, pero nunca forzarlas.

*Usar imágenes*

Se trata de pintar con palabras, de manera que la lectura del poema estimule tanto la emoción y la imaginación como los cinco sentidos.

Hay que buscar imágenes frescas e impactantes, como si en vez de escribir filmásemos, para que le lector sienta que está dentro del poema.

*Usar metáforas y símiles*

El lenguaje metafórico es un poderoso instrumento expresivo. La comparación, la inferencia y la sugerencia son elementos indisociables de la poesía, y símiles y metáforas son herramientas que nos ayudan a crearlos.

La metáfora consiste en la identificación entre dos términos, de tal manera que para referirse a uno de ellos se nombra al otro. Como en este ejemplo de Federico García Lorca: Con el aire se batían/ las espadas de los lirios.

El símil consiste en destacar o establecer semejanzas entre dos o más elementos (objetos, personas, animales, situaciones, hechos). Como en este ejemplo de Juan Ramón Jiménez: [...] y me ofreció sus mejillas/ como quien pierde un tesoro.

Échale un ojo a otros recursos poéticos que mejorarán tus poemas.

*Concreto mejor que abstracto*

Las palabras concretas describen cosas que la gente experimenta con sus sentidos (naranja, gato, calor).

Al usarlas, logras que el lector obtenga una "fotografía" de aquello sobre lo que el poema está hablando y, en consecuencia, le resultará más sencillo entender su significado.

Mientras, las palabras abstractas se refieren a conceptos o sentimientos (libertad, felicidad, amor) intangibles y que pueden despertar ideas diferentes en diferentes lectores.

Además, por su carácter inasible, los conceptos que representan pueden pasar por la mente del lector sin desencadenar una respuesta sensorial.

*Posicionarse*

Como hemos visto, un buen poema tiene un tema reconocible.

Pues bien, como poeta debes posicionarse respecto al mismo.

El poema debe ser una afirmación de tu forma propia y personal de entender el acontecimiento, momento o sentimiento que has poetizado.

*Altera lo ordinario*

La fuerza de los poetas reside en su capacidad para ver lo cotidiano con una mirada nueva y diferente.

Para escribir un poema solo hace falta tomar un lugar, persona, idea u objeto ordinario y alcanzar una nueva percepción del mismo.

*Usar la rima con precaución*

La rima y la métrica pueden estropear un poema si los utilizas de manera incorrecta.

Si eliges un esquema rítmico inapropiado, redundará en detrimento de la calidad de tu poema.

*Revisar*

El primer borrador de un poema es sólo el comienzo. Lo normal es elaborar varios borradores antes de tener el poema "definitivo". Aquí te contamos cómo corregir un poema.

Lo ideal es dejarlo reposar unos días para después volver a leerlo. Al reencontrarte con él resulta más sencillo considerarlo desde una perspectiva ajena que te permita identificar fallos. Tampoco dudes en darlo a leer a otras personas y aceptar sus críticas y sugerencias sobre aquellas cosas concretas que es posible mejorar.

¿Quieres más consejos para escribir un poema? Solo tienes que unirte a nuestra comunidad de escritores y recibirás todas las semanas ideas y trucos para escribir cada día mejor. Deja abajo tu correo porque eres bienvenido.

*"Creo que en mi poesía está todo lo que soy ahora, mis obsesiones y preocupaciones, mi modo de mirar la vida, la sociedad, la historia".*

José Saramago

Pensamos que crear belleza a través del lenguaje es un súper poder que no todos poseemos, pues se cree que la verdadera poesía debe ser estrictamente producto de una fuerte inspiración, un sentimiento o algo que nos dé el valor suficiente para darnos a la tarea de experimentar con las palabras, pero lo cierto es que la verdadera poesía antes de ser bella debe ser inmensurablemente sincera.

No existe expresión más poética que aquella que, pese a todas las cosas buenas y malas, busca la sinceridad del sentir; la precisión es algo que el lector dictaminará, mientras que el método será algo más que métrica; recuerda a Martin Heidegger "La poesía y el arte en general son manifestaciones de la verdad".

Indiscriminadamente, la vida y el lenguaje están repletos de expresiones poéticas, las complicaciones aparecen cuando se intenta canalizar una emoción apegándose a la precisión lingüística, ¿Razones? si existiera una palabra para todo lo que logramos concebir como seres humanos entenderíamos al amor perfectamente y no sólo eso, también podríamos atender otras insatisfacciones existenciales a través de la poesía.

Justo como decía el ocurrente profesor de la universidad <<Hasta lo que no hacemos puede tener un nombre>> y nada puede ser más cierto cuando se habla de poesía, pues en ocasiones hasta los sentimientos más exagerados se consideran poesía, siempre recurriendo a las disparatadas comparaciones para intentar acercarse a la manera correcta de expresar lo que sentimos.

Si tu deseo es escribir un gran poema antes de morir, o si eres de los que suelen recurrir a la literatura para hacerle frente a la adversidad de la vida y no tienes idea de cómo comenzar a escribir poesía, aquí te presentamos algunos consejos que te pueden llevar a dar el primer paso.

*Lee y escucha poesía*
Revisa la estructura lingüística de la poesía, identifica las rimas e indaga un poco en los Versos de Arte menor y Versos de arte mayor, los mejores primeros pasos: quintillas, sonetos, sextinas, haikus y trata de identificarte con alguna de las formas de la poesía.

*Esclarece tus razones*

Todo poema tiene un fin o un destinatario en especial, intenta rodear de conceptos y palabras de carácter poético a tu objetivo, acude a un par de lugares para alimentar la inspiración y escribe ideas o pensamientos que ilustren tu experiencia con respecto al destinatario en pequeñas estrofas.

*"Tres o cuatro semanas de ausencia y anhelo*
*Cinco y seis amantes de un par de horas*
*Siete, ocho y nueve tarros intentado olvidar*
*Y diez rollos de té de tila que súbitamente intentaban mejorar todo".*

*Juega con las contradicciones*

Haz comparaciones y permítete jugar con la contradicción al mezclar un poco las ideas, piensa que si fueran colores, la combinación de tonalidades te podría sorprender.

*"Veo sonidos, escucho colores y sólo estando frente a ti la pasión tiene sabor".*

Sé discreto en este aspecto, permítete jugar ligeramente con el lenguaje y sus reglas pero no atentes contra la gran virtud de la comunicación escrita, intenta cambiar un poco el sentido habitual de los verbos:

*"Tatuada en el asfalto y sólo en su mente, la sombra delineada por un haz de luz".*

*Si un poema no es dulce, es demasiado soberbio*
Utiliza algunas expresiones que le den solidez a tus argumentos para darle un toque de elegancia, pero cuida siempre la coherencia en el sentido de las palabras –no querrás estropearlo, ya casi lo logras-.

*"Un anhelo que como el primer pinchazo de heroína se adhiere al flujo de sangre permitiendo profanar hasta el más oscuro rincón de la consciencia".*

*Recurre a los grandes*
Utiliza alguna referencia a tus autores favoritos, ligeras expresiones que permitan reconocer un indicio de una fuente de inspiración, evita tomar estrofas escritas por alguien, mas eso sólo perjudica tu poema. Toma como ejemplo, digamos, a José Martí:

Cómo escribir tus poesías  Miguel D'Addario

*"Ella no puede amarme, su amor la dejó estafada
Dicen que murió de amor así como la niña de
Guatemala".*

Estribillo

Utiliza estribillos, y si esto se puede relacionar con tu título o alguna expresión que logre resumir el objetivo de poetizar será lo mejor.

Prueba tu habilidad y ejercítala escribiendo lo más que puedas, si el poema tiene algún destinatario en especial, haz algunas pruebas distintas, diferentes arreglos y superposiciones, así podrás exprimir lo mejor de tus versos; poetiza todo lo que esté a tu alcance y déjate sorprender por los resultados.

## ¿Así que quieres ser escritor? (Fragmento)
### Por Charles Bukowski

*Si no te sale ardiendo de dentro,*
*a pesar de todo,*
*no lo hagas.*
*A no ser que salga espontáneamente de tu corazón*
*y de tu mente y de tu boca*
*y de tus tripas,*
*no lo hagas.*
*Si tienes que sentarte durante horas*
*con la mirada fija en la pantalla del ordenador*
*o clavado en tu máquina de escribir*
*buscando las palabras,*
*no lo hagas.*
*Si lo haces por dinero o fama,*
*no lo hagas.*
*Si lo haces porque quieres mujeres en tu cama,*
*no lo hagas.*
*Si tienes que sentarte*
*y reescribirlo una y otra vez,*
*no lo hagas.*
*Si te cansa sólo pensar en hacerlo,*
*no lo hagas.*

Si estás intentando escribir
como cualquier otro, olvídalo.

Si tienes que esperar a que salga rugiendo de ti,
espera pacientemente.
Si nunca sale rugiendo de ti, haz otra cosa.
Si primero tienes que leerlo a tu esposa
o a tu novia o a tu novio
o a tus padres o a cualquiera,
no estás preparado.

No seas como tantos escritores,
no seas como tantos miles de
personas que se llaman a sí mismos escritores,
no seas soso y aburrido y pretencioso,
no te consumas en tu amor propio.
Las bibliotecas del mundo
bostezan hasta dormirse
con esa gente.
No seas uno de ellos.
No lo hagas.
A no ser que salga de tu alma
como un cohete,
a no ser que quedarte quieto

*pudiera llevarte a la locura,*
*al suicidio o al asesinato,*
*no lo hagas.*
*A no ser que el sol dentro de ti*
*esté quemando tus tripas, no lo hagas.*
*Cuando sea verdaderamente el momento,*
*y si has sido elegido,*
*sucederá por sí solo y*
*seguirá sucediendo hasta que mueras*
*o hasta que muera en ti.*
*No hay otro camino.*
*Y nunca lo hubo.*

## Consejos de Edgar Allan Poe

*7 consejos de Edgar Allan Poe para escribir historias y poemas*

Edgar Allan Poe, maestro del género literario de terror, nos da unos 'tips' o consejos para mejorar la redacción de nuestras historias literarias y poemas. ¿Qué no sabes cuáles pueden ser? No te preocupes, a continuación te lo contamos todo sobre ello.

Coge cuaderno y lápiz y ve apuntando, y si prefieres algunos consejos de Borges, Bolaño o Hemingway, pinchando sobre ellos tendrás más información. A continuación, los 7 consejos de Edgar Allan Poe para escribir historias y poemas.

*Pon un final antes de comenzar a escribir*
"Nada es más claro", escribe Poe, "que cada trama, digna de ese nombre, debe ser elaborada acorde a su desenlace antes de intentar cualquier cosa con la pluma." Una vez que la escritura comienza, el autor debe mantener el final "constantemente" con el fin de ir puliendo la obra y sus consecuencias.

*Sea breve*

Poe afirma que "si toda obra literaria es demasiada larga para ser leída de una sola vez, tenemos que eliminar todo aquello que sobra" ya que si no estaríamos forzando al lector a tomar un descanso y en ese intermedio se rompería el hechizo y la magia de leer.

*Decide sobre el efecto deseado*

El autor debe decidir de antemano la impresión que él o ella desea dejar en el lector. Poe asume aquí la gran capacidad de los autores para manipular las emociones de los lectores.

Para Poe aquellos poemas que hacen llorar a los lectores, son los mejores… ¿Tú qué opinas?

*Elige el tono de la obra*

Poe afirma que "la melancolía es por lo tanto el más legítimo de todos los tonos poéticos." Poe emplea, y recomienda, el uso de palabras que fonéticamente y conceptualmente sean contundentes para la obra en sí. Un ejemplo de palabras bastante contundentes es "nunca más", como él mismo usaría en su poema titulado "El Cuervo".

*Determina el tema y la caracterización de la obra*

"La muerte de una mujer hermosa", y "los labios más adecuados para este tema son las de un difunto amante"; Poe elige estas líneas para representar la muerte más melancólica. Contrariamente a los métodos de muchos escritores, Poe se mueve de lo abstracto a lo concreto, eligiendo personajes como portavoces de las ideas.

*Establece el clímax*

En "El Cuervo" Poe dice, "ahora tenía que combinar las dos ideas, la de un amante lamentando la muerte de su difunto y un cuervo repitiendo continuamente la palabra "nunca más". Para reunirlos compuso de la tercera a la última estrofa en primer lugar, lo que le permitió determinar el ritmo, el compás y la organización general del resto del poema. Como en la etapa de planificación, Poe recomienda que el escrito "tenga su inicio en el final".

*Determina el escenario*

Aunque parece un paso obvio que realiza el escritor antes de empezar la obra, Poe lo deja hasta el final, después de que ha decidido por qué colocar ciertos personajes en ese lugar donde dirán determinados diálogos. Sólo cuando ha aclarado su propósito y esbozado por adelantado cómo pretende lograrlo, coloca a los personajes en el escenario determinado.

## Cómo escribir, por Umberto Eco

A la hora de escribir, de encontrar un método y unas fuentes inspiración, no hay leyes, no hay recetas, no hay trucos que funcionen a todos los escritores por igual. Cada escritor debe buscar sus propias reglas, las que le funcionan a él y con las que se siente a gusto. Pero solo hay manera de encontrarlas y esa es escribiendo. Escribiendo y equivocándose, escribiendo e investigando, escribiendo y analizando nuestra escritura. En "Cómo escribir", una conferencia incluida en su libro Confesiones de un joven novelista, Umberto Eco nos habla de proceso de escritura de sus novelas, que no siempre es el mismo, porque en realidad, como él mismo dice, "lo importante es empezar".

Cuando los entrevistadores me preguntan: «¿Cómo ha escrito usted sus novelas?», suelo cortar en seco esta línea de interrogatorio respondiendo: «De izquierda a derecha». Creo que no es una respuesta satisfactoria, y que puede provocar cierto estupor en los países árabes y en Israel. Ahora tengo tiempo para dar una respuesta más detallada.

En el transcurso de la escritura de mi primera novela, aprendí varias cosas. En primer lugar, que «inspiración» es una mala palabra que los autores tramposos utilizan para parecer intelectualmente respetables. Como dice el viejo refrán, el genio es en un diez por ciento inspiraciones y en un noventa por ciento transpiraciones. Dicen que el poeta francés Lamartine describía a menudo las circunstancias en las que escribió uno de sus mejores poemas: aseguró que le había llegado completamente compuesto en una súbita iluminación, una noche que paseaba por el bosque. Después de su muerte, encontraron en su estudio un impresionante número de versiones de ese poema, que había estado escribiendo y reescribiendo a lo largo de los años.

Los primeros críticos que reseñaron El nombre de la rosa dijeron que el libro había sido escrito bajo el influjo de una inspiración luminosa, algo que, dadas sus dificultades conceptuales y lingüísticas, sucedía solo a unos pocos afortunados. Cuando el libro alcanzó un éxito notable, vendiéndose millones de copias, los mismos críticos escribieron que no cabía duda de que yo, para confeccionar un éxito de ventas tan popular y entretenido, había seguido al pie de la letra una receta secreta. Más tarde, dijeron que la clave del éxito del libro era un programa informático, olvidando que los primeros ordenadores personales con programas aptos para redactar textos no aparecieron hasta principios de los años ochenta, cuando mi novela ya estaba en la imprenta. En 1978-1979, lo único que se podía encontrar, incluso en Estados Unidos, eran esos pequeños ordenadores baratos fabricados por Tandy, que nadie hubiera usado jamás para escribir más que una carta.

Algún tiempo después, algo alterado por semejantes acusaciones informáticas, formulé la auténtica receta para escribir un éxito de ventas por ordenador:

En primer lugar, obviamente, necesita usted un ordenador, que es una máquina inteligente que piensa por usted. Eso sería una gran ventaja para mucha gente. Todo lo que necesita es un programa de unas pocas líneas; hasta un niño podría hacerlo. Luego hay que meter en el ordenador el contenido de unas cien novelas, obras científicas, la Biblia, el Corán, y un puñado de listines telefónicos (muy útiles para encontrar nombres de personajes). Digamos, unas 120.000 páginas. Después de eso, usando otro programa, hay que aleatorizarlo todo; en otras palabras, mezclar todos esos textos, ajustados un poco —por ejemplo, eliminando todas las es— para conseguir no solo una novela, sino ya una especie de lipograma de Perec. En ese momento, pulse «imprimir» y, puesto que usted ha eliminado todas las es, salen algo menos de 120.000 páginas. Tras leerlas cuidadosamente varias veces, subrayando los pasajes más significativos, llévelas a una incineradora. Entonces, simplemente siéntese bajo un árbol con una hoja de papel carbón y otra de buen papel de dibujar y, dejando fluir sus pensamientos, escriba dos líneas. Por ejemplo: «La luna está alta en el cielo / El bosque cruje». A lo mejor lo que sale al principio no es una novela, sino más bien un haiku japonés. Pero lo importante es empezar.

Hablando de inspiración lenta, El nombre de la rosa la escribí en solo dos años, por la sencilla razón de que no tuve que investigar nada sobre la Edad Media. Como he dicho, mi tesis doctoral versaba sobre estética medieval, y después de presentarla seguí estudiando la Edad Media. Con el paso de los años, visité un montón de abadías románicas, catedrales góticas, etcétera. Cuando decidí escribir la novela, fue como abrir un gran armario donde había estado amontonando mis archivos medievales durante décadas. Todo ese material estaba a mis pies, y yo no tenía más que seleccionar lo que necesitaba. Para las novelas siguientes, la situación era otra (aunque si elegía un tema determinado, era porque ya estaba algo familiarizado con él). Por este motivo, mis novelas posteriores me llevaron mucho tiempo: ocho años El péndulo de Foucault, y seis La isla del día de antes y Baudolino. Dediqué solo cuatro a La misteriosa llama de la reina Loana, porque trata de mis lecturas como niño en los años treinta y cuarenta, y pude utilizar un montón de material viejo que tenía en casa, como tiras de cómic, grabaciones, revistas y diarios. En pocas palabras: mi colección entera de mementos, nostalgias y trivialidades.

## Anexo "Aprende a escribir poesías"

*Glosario de términos literarios*

–Acataléctico: Verso greco latino que tiene cabales todos sus pies. En la métrica antigua el verso en el que no faltaba ninguna sílaba.
–Acento: Tono superior que se imprime a una sílaba distinguiéndola del resto de la palabra.
–Acotación: nota del dramaturgo en una obra teatral para indicar la acción o el movimiento de los personajes.
–Acróstico: Poema en que las letras iniciales, medias o finales de cada verso, leídas en sentido vertical, forman un vocablo o expresión.
–Adagio: Expresión breve que sintetiza una observación general o un principio moral.
–Adónico: Verso de la poesía griega y latina, que consta de un dáctilo y un troqueo. Ej. Céfiro blando.
–Adynaton: Enumeración de cosas imposibles.
–Aféresis: Supresión de una o más letras al principio de un vocablo. Ej. Norabuena y noramala por enhorabuena y enhoramala.
–Afijo: Morfema que se añade al lexema o raíz de la palabra. Si se añade delante, se llama prefijo (Ej. revolver). Si se añade detrás, se llama sufijo (lechero).
–Aforismo: Es una breve máxima que expresa una norma de vida o una sentencia filosófica (Zingarelli).
–Agnición: (Del latín "Agnitio": reconocer) En el poema dramático, reconocimiento de una persona cuya identidad se ignoraba.
–Ágrafo: Persona incapaz de escribir.

–Albada: Canción tradicional de probable origen trovadoresco que expresa la tristeza de los amantes al llegar el amanecer.
–Alborada: Canción similar a la albada pero que expresa la alegría de los amantes al llegar el amanecer.
–Alegoría: una obra literaria con dos niveles paralelos de significado en que los personajes representan ideas o conceptos.
–Alejandrino: verso de catorce sílabas; muchas veces está dividido en dos hemistiquios de siete sílabas, marcados por una pausa llamada cesura.
–Aleluya: (Del hebreo "Allelu Yah": alabad a Yahvé) Versos prosaicos y repetitivos de escaso valor. Versos pareados de arte menor.
–Aliteración: repetición del mismo sonido consonante en secuencia.
–Amebeo: Recitado en el que toman parte dos o más personas alternativamente, frecuente en las églogas.
–Americanismo: Voz, acepción o giro propio de los pueblos americanos de habla española, recogidos en el Diccionario de la Academia Española. Cancha, papa, hamaca, etc.
–Anacoluto: Ruptura de la construcción sintáctica u omisión de la conclusión de una oración.
–Anacreóntico: Poemas generalmente anónimos de estilo ligero, gracioso, báquico, exaltando los placeres a la manera del poeta griego Anacreonte (560-478 a. de J.C.). Muy utilizado en la lírica del S.XVIII.
–Anacrusis: Sílabas que preceden al período rítmico de un verso, el cual se inicia con el primer acento del verso y llega hasta la sílaba átona inmediatamente anterior al último acento del verso.

–Anadiplosis: Reduplicación. Consiste en la repetición de una o varias palabras de un verso al comienzo del verso siguiente.

–Anáfora: (Del latín "Anaphora", del griego Anafora: repetición) Recurrir al texto con menciones implícitas mediante pronombres demostrativos. Ver también Aráfina.

–Anagnórisis: Véase Agnición.

–Anagrama: Palabra o palabras formadas por la reordenación de las letras que constituyen otra u otras palabras.

–Analepsis. Anacronía consistente en un salto hacia el pasado en el TIEMPO DE LA HISTORIA, siempre en relación a la línea temporal básica del DISCURSO novelístico marcada por el RELATO PRIMARIO.

–Anapesto: Pie de la poesía griega y latina compuesto de dos sílabas breves y la última larga.

–Anástrofe: Inversión del orden de las palabras de una oración para conseguir un efecto. Ej. Campo a través.

–Andalucismo: Voz o giro propio de la manera de hablar el español en Andalucía, recogido en el DRAE.

–Anfibología: (Del latín "Anphibologia": ambiguo, equívoco) Doble sentido, vicio de la palabra, a la que se le puede dar más de una interpretación.

–Antanaclasis: Juego de palabras en el que se repiten las mismas pero con significados distintos. (Recurso muy empleado por los satíricos, especialmente Francisco de Quevedo (1580-1645). Ver también Anfibología.

–Antífrasis: Consiste en designar personas o cosas con nombres que significan lo contrario de lo que son, o expresión que significa irónicamente lo

contrario de lo que se quiere decir. Ej. "¡Vaya angelito!"
–Antipasto: Pie de poesía griega y latina que contiene dos sílabas largas entre dos cortas. (Yambo y troqueo).
–Antistrofa: En la poesía griega la primera parte del canto lírico es la estrofa y la segunda la antistrofa.
–Antítesis: (De la palabra compuesta griega "Antithesis": contradicción). Consiste en contraponer dos ideas de significación contraria. Ej. Feliz desgraciado.
–Antología: (De las palabras griegas "Anthos": flor; y "Legein": elegir). Selección de textos literarios de diversas obras o autores, bajo un criterio común. Por ej. Antología de poetas españoles.
–Antonimia: Relación que se establece entre dos palabras cuyos significados son opuestos.
–Antonomasia: Sinécdoque que consiste en sustituir el nombre propio por el apelativo o viceversa.
–Antropomórfico: Atribución de cualidades humanas a cosas naturales o artificiales. Ej. El motor es el corazón del automóvil.
–Aparte: Palabras de un personaje dramático dichas como para sí mismo o dirigidas al público simulando que no le oyen los demás.
–Apócope: Supresión de una o más letras al final de un vocablo. Ej. Algún por alguno.
–Apócrifo; (Del griego "Apokryphos": oculto, secreto). Obra no auténtica, en cuanto al autor o a la época a la que se dice pertenecer. Viene de los libros sagrados que no constaban haber sido inspirados por la divinidad.
–Apología: Discurso en el que se alaba o defiende a una persona o a una causa.

–Apólogo: Breve fábula o historia alegórica que sirve de vehículo para una doctrina moral o contiene alguna lección útil.

–Apóstrofe: Corte del discurso del orador para invocar con vehemencia a alguien presente o no en el auditorio o a un ser imaginario.

–Apotacsis: Lo contrario de hipotacsis. Frase breve. El estilo de Azorín puede servir de ejemplo.

–Apotegma: (Del griego "Apóphtegma") Dicho breve y sentencioso, comúnmente de persona de prestigio o que lo adquiere al decirlo. A Diógenes de Sínope se le conoce por sus apotegmas recogidos por Diógenes Laercio.

–Arabismo: Voz española procedente del árabe; se calcula que unas cuatro mil palabras castellanas proceden del árabe. Ej. Ojalá, alcalde, almohada, zanahoria., etc.

–Aráfina: Recurrir a un texto precedente con pronombres demostrativos. Por ej. Juan y Pedro fueron a pescar, éste no pescó nada y aquél sólo una trucha. Se utiliza solamente en la lengua escrita.

–Arcadia: Región del Peloponeso que los poetas clásicos convirtieron en la tierra de la inocencia y la virtud. Metafóricamente, lugar primigenio de la felicidad.

–Arcaísmo: Empleo de vocablos o frases anticuadas.

–Arenga: Discurso militar o político que se pronuncia con la finalidad de enardecer a los oyentes.

–Argó: (Del francés "argot") Manera de hablar o escribir empleando vocablos propios de una profesión, edad, situación (por ejemplo, en la cárcel). Jerga.

–Argumento: también llamado "fábula" o "historia"; la secuencia de acciones o sucesos que ocurren en una narración.

–Aristofánico: Farsa u obra satírica, al estilo del poeta griego Aristófanes (¿445-386? a. de J.C.).
–Arquetipo: Personaje o situación, original y primaria, que se convierte en modelo de comportamiento o símbolo literario. Por ej. "Don Juan Tenorio".
–Arte mayor: Composiciones poéticas de versos de más de ocho sílabas. El Arte Menor lo constituyen los versos de ocho o menos sílabas.
–Ascética: (Del griego "Askeetees": atleta, el que se ejercita). Literatura que busca la perfección cristiana. En el S. XVI se distinguía entre ascética y mística, siendo la primera preparación por medio del esfuerzo propio para alcanzar la segunda que era un don divino.
–Asclepiadeo: Verso griego o latino que consta de un espondeo, dos coriambos y un pirriquio. Debe su nombre al poeta Asclepíades (S. III).
–Asinartético: Verso libre.
–Asíndeton: Es lo contrario del polisíndeton. Recurso que consiste en omitir las conjunciones para darle mayor fuerza a la frase. Ej. ¡Anda, corre, vuela...!
–Asonancia: Identidad únicamente de las vocales, a partir de la última sílaba acentuada, en la rima de dos versos. Rima asonante Donde son iguales sólo las vocales de dos o más versos a partir de la última vocal acentuada.
–Asonante: La rima asonante se basa en la identidad fonética solamente en las vocales específicamente a partir de la última vocal tónica: e.g., leyenda/oferta; lugar/casar; mano/amado.
–Asteísmo: Dirigir una alabanza con apariencia de represión.
–Astraván: Subgénero teatral cómico creado por Pedro Muñoz Seca (1881-1936). Familiar: astracanada.

–Aticismo: Estilo elegante y delicado característico de los clásicos atenienses.
–Átono: Fonema desprovisto de acento de intensidad.
–Auto: Composición teatral breve de tema bíblico o religioso, de origen medieval. Se llama Auto Sacramental al que tiene como tema fundamental la exaltación de la eucaristía; uno de sus máximos representantes fue Pedro Calderón de la Barca (1600-1681).
–Autobiografía: Escrito donde el autor cuenta su propia vida.
–Automatismo: Técnica que los surrealistas empleaban para crear obras literarias supuestamente libres de la lógica. Su manifestación poética fue el dadaísmo.
–Autor: Persona que ha escrito una obra literaria.
–Balada: Composición poética dividida en estrofas iguales, generalmente destinada a cantar leyendas sentimentales y tradiciones populares; su origen son cierto tipo de poemas líricos franceses medievales. Poema épico–lírico original de las literaturas anglo–germánicas.
–Baquio: Pie de la poesía griega y latina compuesto por la primera sílaba breve seguida de dos largas.
–Barbarismo: Falta ortográfica o en la pronunciación de una palabra; por ej. Haiga por haya. También, utilización de palabras extranjeras, existiendo sus equivalencias españolas; por ej. Link por enlace. (Pueden ser anglicismos, galicismos, etc.).
–Bardo: Poeta. Origen en los antiguos celtas.
–Barroco: un movimiento literario del Siglo de Oro caracterizado por el exceso o por la acumulación de elementos ornamentales.
–Barroquismo: Estilo farragoso y recargado. Por extensión, mal gusto.

- Batología: Pleonasmo. Inclusión en una frase de palabras que significan lo mismo o que están implícitas. Por ej. Subir arriba.
- Best-seller: (En inglés, "mejor vendido") Obra normalmente de ficción y de poca calidad literaria pero de gran éxito editorial.
- Bibliografía: Colección de libros que hacen referencia a un tema o a un autor.
- Biografía: Narración de la historia de una persona.
- Bisílabos: Versos compuestos de dos sílabas métricas, poco frecuentes en la literatura española, aunque utilizados en la época del Romanticismo.
- Bohemia: Vida que se lleva prescindiendo de las convenciones sociales, generalmente por dedicación al arte o a la literatura.
- Bordón: Verso quebrado repetido al final de cada estrofa.
- Bucólica: (Del griego "Boukolos": pastor de bueyes). Poesía que trata de la vida campestre. Son por lo común dialogadas.
- Cabalístico: Valor enigmático de las letras y los números. Ej. La literatura sobre la alquimia es cabalística.
- Cacofonía: Combinación de palabras que resulta desagradable al oído. Ej. "Hubo unanimidad en una nimiedad."
- Cadencia: Distribución de sonidos y acentos en un texto literario.
- Calambur: (Del francés "Calambour") Juego de palabras producido por dos combinaciones distintas de los mismos fonemas. Ej. "Isabel legará su casa; / y sabe llegar a su casa".
- Calaveras: Composiciones poéticas mexicanas, breves, de estilo satírico, que tienen como característica criticar a personajes de actualidad.

- Caligrama: Término tomado de la obra del poeta francés Apollinaire, Calligrames. Es el poema donde la disposición de los versos sugiere una forma gráfica.
- Canción: Poema con una estructura compleja, que varía según el poeta y la época. Básicamente se trata de una combinación de versos heptasílabos y endecasílabos en estrofas, llamadas estancias; donde la distribución de la rima es a gusto del poeta, pero una vez fijada en la primera estrofa, ha de respetarla en todas las estancias siguientes. Su origen es italiano y llegó a la poesía española en el Renacimiento.
- Cancionero: Recopilación de poemas de amor. Su origen se remonta a las canciones de gesta medievales.
- Cantar de gesta: Poema épico medieval de origen popular o anónimo, dentro de lo que se llamó el mester de juglaría. El primero conocido en la literatura española es el Cantar de Mío Cid (1140).
- Cantar de soledad: Composición de tres versos octosílabos, rimando los impares.
- Cantata: Composición poética escrita para ser acompañada con música.
- Cántigas: Composiciones trovadorescas medievales propias de la lírica galaico–portuguesa, escritas en gallego.
- Carmen: Poema de origen árabe.
- Catáfora: (Del griego: que lleva hacia abajo) Palabra (deixis) que anticipa una parte del discurso. Por ej. "Lo que propuso es esto: que lo detuvieran."
- Cataléctico: Verso griego o latino al que le falta una sílaba al fin, o es imperfecto en sus pies.
- Causalidad: Relación de causa a efecto que se establece entre los acontecimientos constitutivos de

la historia que la novela cuenta. Está, lógicamente, relacionada con la secuencia temporal ordenada de los mismos, de manera que cualquier alteración de ésta implica una determinación para el LECTOR IMPLÍCITO.

–Cesura: Pausa que divide un verso en dos hemistiquios, sin que sea necesario indicarlo con signos de puntuación. Se contará una sílaba métrica más o menos según termine cada hemistiquio en palabra aguda o esdrújula, como si se tratara de versos independientes y podrá existir una rima interna. Por lo tanto la cesura, que en definitiva es un tipo especial de pausa media, por su valor rítmico equivale a una pausa versal, Ej. "El cisne antes cantaba...sólo para morir" (Rubén Darío, Nicaragua, 1867-1916. El cisne).

–Chirigotas: Composiciones poéticas satíricas para ser cantadas a coro en carnavales, originarias de Cádiz.

–Circunloquio: Frase con la que se evita aludir directamente al asunto del discurso. Ver también Perífrasis.

–Clásico: (del latín "classicus": clase social alta) Autor u obra que se tiene por modelo digno de imitación en cualquier literatura o arte.

–Clímax: el momento culminante de la acción de un relato o de un drama.

–Coda: Parte final de la estructura de la canción renacentista.

–Códice: Manuscrito anterior a la invención de la imprenta. Ej. El Poema de Mío Cid.

–Cola: Versos que se añaden al final de una composición poética. Ver también Estrambote.

–Comedia: Poema de enredo y desenlace, que suele ser una sátira de las costumbres, para ser representado en público.
–Cómic: (Palabra inglesa) Historieta cómica que tiene como protagonistas hombres o animales con poder de reflexión y actitudes humanas.
–Consonancia: Uniformidad de sonido en la terminación de los versos. Rima consonante: Donde son iguales todos los fonemas de dos o más versos, a partir de la última vocal acentuada. También, repetición desagradable de sonidos consonantes en una frase.
–Contrapunto: Contraste explícito de personajes, ideas o situaciones en una obra literaria.
–Copla: un verso de arte menor que consta de cuatro o siete versos; se usa mucho para canciones populares y en algunos casos en la poesía lírica. El ejemplo más conocido son "Las coplas a la muerte de su padre" de Jorge Manrique del siglo XVI.
–Coreo: Pie de poesía griega o latina compuesto por la primera sílaba larga y la segunda corta.
–Coriambo: Pie de poesía antigua que consta de un coreo y un yambo.
–Cosmogonía: Texto que trata del origen y de la evolución del universo.
–Costumbrismo: el nombre dado a la literatura dedicada a la representación de costumbres de una región o un país en particular en cierta época; fue muy practicado en el siglo XIX.
–Creacionismo: Movimiento poético de principios del S. XX. Su primer representante fue el poeta chileno Vicente Huidobro.
–Criptografía: (De las palabras griegas "Kriptos": oculto; y "Grafia": escritura). Escritura con símbolos

crípticos o secretos. Por ej. Los escritos de los alquimistas.
–Crónica: Narración de hechos históricos a medida que van sucediendo, en los que el autor participa u obtiene los datos de fuentes muy cercanas a los acontecimientos.
–Cuaderna vía: Estrofa usada en los siglos XIII y XIV compuesta de cuatro versos alejandrinos, monorrimos con rima asonante (AAAA). También llamado Tetrástrofo Monorrimo. Sirva de ejemplo el Libro de Buen Amor (Juan Ruiz, Arcipreste de Hita. Primeros años del S. XIV).
–Cuadro: Cada una de las partes en las que se dividen los actos de las obras teatrales.
–Cuarteta: Estrofa que contiene cuatro versos octosílabos, que riman el primero con el tercero y el segundo con el cuarto, igual que el serventesio (ABAB).
–Cuarteto: Estrofa que contiene cuatro versos endecasílabos, con rima consonante del primero con el cuarto y el segundo con el tercero (ABBA). Llegó a España a mediados del siglo XVI.
–Cuento: Texto preferentemente breve, de contenido expectante, cuya acción se intensifica y aclara en su mismo desenlace.
–Culebrón: Telenovela donde la complejidad de las pasiones de amor, odio, desengaño y venganza son excesivas. Suelen constar de muchos capítulos y tener personajes recursivos que van apareciendo y desapareciendo cíclicamente dotados de personalidades distintas o desvelando un pasado que modifica sustancialmente las relaciones con el resto de personajes.

—Cultalatiniparla: Expresión burlesca referida a los que utilizan un lenguaje afectado y laborioso a la manera de los culteranos.
—Cultismo: Palabra o expresión de una lengua clásica utilizada en un texto moderno. Los culteranistas como Góngora incluían en su obra muchos neologismos cultistas. Por ejemplo; usar "ínsula" en vez de "isla".
—Dáctilo: (Del griego "Dactylos": dedo). Pie de poesía griega que contiene una primera sílaba larga y las dos restantes breves.
—Datismo: Repetición desagradable de vocablos sinónimos.
—Decasílabo: Verso formado por diez sílabas. Poco frecuentes en la literatura española.
—Décima: estrofa de diez versos octosílabos con la siguiente rima: ABBA, AC, CDDC. Se llama también Espinela, por haber sido utilizado por primera vez por el poeta español Vicente Espinel (1550-1624).
—Decir: Composición poética medieval no destinada al canto.
—Deixis: Señalamiento por medio de adverbios o demostrativos, como aquí, hoy, entonces, estos, etc. que indican una persona, lugar, cosa o tiempo. Puede referirse a otros elementos presentes en el discurso o sólo en la memoria, como: "Aquellos días fueron magníficos."
—Deprecación: Ruego o suplica.
—Descripción: Enunciado de las características de objetos, seres o circunstancias. En la literatura realista de la España de post guerra se utilizó abundantemente este recurso narrativo.
—Desenlace: Forma en que se resuelve el argumento. En el drama el desenlace se refiere a lo que sucede

después del clímax y a la manera en que se resuelve la acción.
- Dialefa: Lo contrario que sinalefa. Es poco frecuente.
- Diálogo: Representación directa en el discurso novelístico del intercambio verbal entre dos o más personajes.
- Diástole: (Del griego "Diastolee": dilatación). Licencia poética que permite usar como larga una sílaba breve.
- Diatriba: Discurso o escrito violento e injurioso para criticar personas o acontecimientos.
- Dicción: Manera de hablar o escribir, calificada como buena o mala literariamente considerando únicamente el empleo de las palabras y su construcción. Figuras de dicción. Se basan en una especial disposición de las palabras, de modo que si aquélla se altera, desaparece la figura. Las figuras de dicción pueden lograrse por varios medios, los principales son: epíteto, asíndeton, elipsis, anáfora, polisíndeton, aliteración, onomatopeya, palindromía, e hipérbaton.
- Dicoreo: Pie de poesía griega o latina, compuesto por dos coreos.
- Didascalia: (Del griego "didascalia": enseñanza) Instrucción que daba el poeta, en la antigua Grecia, a un coro o a los actores. Catálogos de piezas teatrales en la antigua Grecia. En la literatura latina, notas que, puestas al comienzo de algunas comedias, informan sobre su representación.
- Diégesis: El mundo ficticio en el que se sitúan los personajes, situaciones y acontecimientos que constituyen la HISTORIA narrada por una novela.
- Diéresis. (Del griego "Diairesis": división). Uso del signo ortográfico como recurso poético para

deshacer un diptongo y formar un hiato, convirtiendo una sílaba gramatical en dos métricas.
–Dilogía: Véase Anfibología.
–Discurso: el conjunto de elementos lingüísticos y formales que constituyen la obra narrativa. Exposición sobre algún tema que se lee o se pronuncia en público.
–Disemia: Doble significado de una palabra.
–Disfemismo: Contrariamente al eufemismo, sustituye la expresión usual por otra que acentúa aspectos peyorativos, humorísticos o burlescos, muy utilizado por los satíricos. Ej. Estirar la pata, por fallecer.
–Dispondeo: Pie de poesía griega o latina que contiene dos espondeos.
–Dístico: Brevísima composición poética que con sólo dos versos expresa un concepto.
–Distopía: Utopía negativa. Implica una sociedad futura peor que la actual. Comúnmente usado en la literatura de ciencia-ficción. Ej. 1984 de George Orwell.
–Ditirambo: (Del griego "Dithyrambos", alias de Baco, sobrenombre de Dionisio) Poesía en honor de Baco, dios del vino. Composición de carácter laudatorio excesivamente elogiosa.
–Diyambo: pie de poesía griega o latina compuesta por dos yambos.
–Dodecasílabo: Verso de doce sílabas, especialmente cultivado en los siglos XIV y XV y en el modernismo. Normalmente es un verso compuesto de dos hemistíqueos de seis más seis sílabas, o de siete más cinco sílabas, separados por una cesura.
–Dolora: Poesía sentimental y filosófica, inventada por Ramón de Campoamor (1817-1901).
–Donaire: Dicho gracioso y agudo.

–Drama: Género teatral intermedio entre la comedia y la tragedia. Obra literaria donde sobrevienen numerosas desgracias, pero que no alcanza el grado de tragedia.
–Duración: Para algunos autores, el conjunto de fenómenos vinculados a la relación de desajuste o equivalencia entre el TIEMPO DE LA HISTORIA y el TIEMPO DEL DISCURSO.
–Eco: Composición poética en la que se repite parte de un vocablo, o un vocablo entero, especialmente si es monosílabo, para formar nueva palabra significativa y que sea como eco de la anterior.
–Éctasis: Licencia poética que permite alargar una sílaba breve para conseguir la medida del verso.
–Edición: Impresión o reproducción de una obra. Conjunto de ejemplares de una obra publicados por los mismos medios en un plazo de tiempo determinado.
–Editorial: Empresa dedicada a la edición. Artículo que expresa la opinión o posición de los editores de un periódico o revista.
–Égloga: un poema pastoril; tradicionalmente consistía en un diálogo idealizado entre pastores en imitación de las églogas de Virgilio.
–Elegía: un poema lírico en alabanza de alguien que se ha muerto o que expresa la melancolía o la añoranza.
–Elipsis. Omisión de un elemento de la estructura lógica de la frase.
–Encabalgamiento: Se da cuando una frase no termina en un verso, sino en el siguiente.
–Enciclopedista: un escritor o filósofo de la Ilustración asociado con la doctrina de la Enciclopedia de Diderot; en un sentido más general el término se

refiere a alguien que sigue el racionalismo del siglo XVIII.
- Endecasílabo: un verso de once sílabas; es el verso utilizado en la poesía culta.
- Endecha. Romance de versos de origen medieval de siete sílabas.
- Eneadecasílabos: Versos de diez y nueve sílabas.
- Eneasílabos: Versos de nueve sílabas. Aparece en estribillos de poemas y canciones populares de los siglos XV al XVII, aunque su empleo aumento en los siglos posteriores.
- Enquiridión: Libro que en poco volumen contiene mucha teoría.
- Ensayo: Composición literaria que expone una o varias tesis sobre un asunto. Suele constar de un planteamiento y de unas conclusiones.
- Entremés: breve pieza teatral de carácter humorístico, burlesco o satírico, que solía representarse en el entreacto de las comedias del Siglo de Oro.
- Epanadiplosis: Artificio retórico consistente en empezar y acabar una frase con la misma palabra. Ej. "Última amarra, cruje en ti mi ansiedad última". (Pablo Neruda. "Veinte poemas de amor...").
- Épica: Poesía que narra acontecimientos heroicos. Ej. Poema de Mío Cid.
- Epifonema. Exclamación final que resume una idea anterior.
- Epifora: Repetición de una o varias palabras al final de los versos de una estrofa.
- Epígono: (Del griego "nacido después") El que sigue una escuela o un estilo de una generación anterior.
- Epigrama. (Del latín "Epigramma": inscripción) Poema breve que generalmente comprende un apunte ingenioso en cuatro o cinco versos. Los hay

satíricos, eróticos, costumbristas, etc. Etimológicamente el término epigrama se usa para referirse a composiciones grabadas en piedra; los primeros epigramas fueron de carácter funerario.
- Epílogo: (Del griego "Epi": sobre, y "logos": tratado. También "Epílogos": conclusión) Palabras finales de una obra a manera de conclusión.
- Episodio. Tramo de la ACCIÓN novelesca dotado de cierta unidad parcial que permite diferenciarlo de los que le preceden y siguen.
- Epístola: Carta o mensaje de carácter literario.
- Epitafio: Frase destinada a ser escrita sobre una tumba, normalmente ideada por su propietario para este fin, y que tiene que ver con su visión del mundo.
- Epitalamio: (Del griego "Epi": sobre, y "Thalamos": lecho nupcial) Composición lírica en conmemoración de una boda que suele cantarse a los desposados.
- Epíteto: adjetivo o frase descriptiva que acentúa el significado del sustantivo; aparece de forma repetida en la poesía épica para describir a una característica del héroe. Por ej. "la negra noche o la blanca nieve".
- Epítrito: Pie de verso griego o latino compuesto por una sílaba breve y tres largas.
- Epodo; En su origen, lírica de maldición e injuria, poetización del insulto.
- Epopeya; Poema extenso basado en sucesos heroicos. Por ej. La Odisea, o La Araucana.
- Erótica: Literatura que exalta la sensualidad en su aspecto sexual.
- Escena: cada una de las partes en que se divide el acto de una obra dramática.
- Escolio: Nota u observación que se pone en un libro antiguo para explicarlo.
- Esperpento: Forma literaria en que dominan lo feo, lo grotesco y lo absurdo. Narración que presenta la

realidad deformada, llegando a lo grotesco, con el fin de poner de manifiesto aspectos criticables de la sociedad. Recurso creado por Valle Inclán.
–Espinela: (ver Décima).
–Espondeo: Pie de verso griego o latino compuesto por dos sílabas largas.
–Estancia: Estrofa formada por más de seis versos endecasílabos y heptasílabos que riman en consonante y cuya estructura se repite a lo largo del poema.
–Estrambote: Versos que se añaden al final de un poema, generalmente a los sonetos.
–Estrambótico: Texto de difícil comprensión por su falta de orden y con frecuencia de lógica.
–Estribillo: versos que se repiten en un poema, a veces al final de cada estrofa.
–Estribote: Se compone de un dístico o estribillo inicial donde se enuncia el tema que luego es glosado en varias sextinas.
–Estro: Inspiración poética o artística.
–Estrofa: (Del griego "Strophee": giro, vuelta, porque en las tragedias el coro cantaba su estrofa dando un giro), una unidad de versos en un poema.
–Estructuralismo: Corriente científico-filosófica del siglo .XX aplicada a la Lingüística por Saussure.
–Etimología: Origen de las palabras.
–Etopeya: Descripción del carácter, acciones y costumbres de una persona.
–Eufemismo: Sustitución de una palabra o frase por otra para disimular la crudeza o gravedad de la original.
–Eutrapelia: (Del griego "Broma amable") Se aplica a la literatura con fines exclusivamente lúdicos o de entretenimiento, en contraposición a la testimonial o de conocimiento.

–Fabiana: Ver Sociedad Fabiana.

–Fábula: (Del latín "fabula", del verbo "Fari": hablar, ya que se recitaban). Relato que utiliza frecuentemente animales para dictar, por la vía del ejemplo, consejos o recomendaciones morales, y la lección se expresa al final en una "moraleja".

–Farándula: Ambiente relacionado al teatro.

–Farsa: Obra dramática genérica, preferentemente cómica.

–Ficción: Relato de una HISTORIA que no ha sucedido nunca en términos homólogos a aquellos en los que se contaría una historia real.

–Figuras: Existen diversas figuras, entre ellas figuras retóricas y figuras de dicción (Ver Retórica y dicción).

–Figuras retóricas: los recursos poéticos establecidos por el poeta o por la tradición; e.g., metáfora, metonimia, hipérbole, símil, epíteto, rima, prosopopeya, apóstrofe.

–Filología: Ciencia que se ocupa del estudio de la lengua y la literatura.

–Flashback/retrospectiva: una escena en una narración o drama en que se representa algo que tuvo lugar antes de la acción principal de la trama.

–Folletín: Relato de intriga emocionante, con personajes que representan sentimientos elementales.

–Fondo: Significado de una obra literaria, sin reparar en su expresión.

–Fonética: Rama de la lingüística que se ocupa de los sonidos.

–Forma: Aspecto del continente literario. Opuesta y complementaria del fondo o contenido.

–Futurismo: Tendencia literaria y artística surgida en Italia a principios del siglo XX.

−Gay: Arte de los trovadores en lengua provenzal.
−Generación del '98: grupo de escritores españoles en cuya obra se expresa la reacción ante los acontecimientos políticos, sociales e históricos de finales del siglo XIX; caracteriza su obra la introspección personal y la preocupación por el futuro de su país.
−Género: Cada una de las clases o categorías en las que se pueden ordenar las obras literarias. Las principales son: lírico, épico y dramático.
−Genetlíaco: Se llama así al poema que canta el nacimiento de una persona.
−Gliconio: Verso de poesía griega o latina compuesto de tres pies: un espondeo y dos dáctilos.
−Glosa: Versos octosílabos aconsonantados. El tema suele ser expuesto en la primera estrofa (llamada texto) y desarrollado en las siguientes (llamadas glosa), repitiendo en éstas los versos de la primera.
−Gnómico: (Del griego "Gnoomoon": indicador) Poema sentencioso.
−Goliardesca: Literatura escrita por clérigos o estudiantes vagabundos de la Edad Media, dados a la gula y a la vida alegre y licenciosa. Su tema principal es la exaltación del amor y de los placeres sensuales. Bajo el nombre de Archipoeta de Colonia se oculta uno de los poetas goliardescos más importantes del siglo XII.
−Gongorismo: estilo literario basado en la poesía de Góngora (1561-1627) caracterizado por lo hermético y el uso de manerismos y refinamientos; por ejemplo: neologismos, cultismos y juegos retóricos. (Ver Culteranismo).
−Greguería: Breves composiciones en prosa, basadas en juegos de palabras, invención de Ramón Gómez de la Serna (1888-1963). Ej. "El cerebro es un

paquete de ideas arrugadas que llevamos en la cabeza".
-Hagiografía: Historias de vidas de santos. Por extensión, composición laudatoria sobre un personaje.
-Hemistiquio: Cada una de las partes del verso cortado por la cesura, sin necesidad de signos de puntuación.
-Heptámetro: Verso de poesía griega y latina compuesto por siete pies.
-Heptasílabo: Verso de siete sílabas. Muy empleado en el Renacimiento en combinación con versos de once sílabas y posteriormente en el siglo XVIII.
-Héroe: Protagonista principal de una novela.
-Heteronimia: Diferenciación léxica de vocablos que tienen gran proximidad semántica, pero que proceden de raíces diferentes. Ej. Caballo - yegua, yerno - nuera, toro - vaca.
-Heterónimo: Persona ficticia que corresponde al seudónimo de un escritor.
-Heterostiquio: Hemistiquios con desigual número de sílabas.
-Hexadecasílabo: Versos de dieciséis sílabas. También llamados octonarios.
-Hexámetro: Verso de la poesía griega o latina compuesto de seis pies.
-Hexasílabo: Verso de seis silabas. Se utiliza desde la Edad Media.
-Hiante: Verso.
-Hiato: En literatura, sonido desagradable que se produce al pronunciar dos palabras seguidas, cuando la segunda empieza por la misma vocal que acaba la primera, aún si contiene una h muda. Por ej. Pobre hembra. (En gramática, secuencia de dos vocales que no pertenecen a la misma sílaba, como

Cómo escribir tus poesías  Miguel D'Addario

teatro, o meollo. Las vocales pueden no pertenecer a la misma sílaba por tener una H intercalada, como almohada o por ser diptongos rotos por un acento, como vigía o aúllan).
–Hipálage: Figura retórica que consiste en atribuir un complemento a otra palabra distinta a la que debía corresponder lógicamente. Ej. "El hombre andaba cansado por la tarde sudorosa".
–Hipérbaton (el): Alteración del orden sintáctico lógico de la frase. Ej. "Del salón en el ángulo oscuro".
–Hipérbole: Exageración poética. Figura retórica que presenta desproporcionadamente los hechos o las situaciones, características, actitudes, etc. ya sea por exceso o por definiciones.
–Hipotacsis: Forma de la literatura barroca, nacida probablemente en la prosa administrativa de Indias.
–Hipotiposis: Descripción apasionada de una persona.
–Historia: Acontecimientos reales o ficticios narrados en una obra literaria.
–Historieta: Narración generalmente breve de poco valor literario. Comic.
–Historietista: Autor de historietas.
–Homérica: Poesía relativa al poeta griego Homero (siglo IX a. de J.C.) y a sus obras "La Ilíada" y "La Odisea".
–Homofonía: Coincidencia fonética de dos palabras distintas. Ej. Hojear y ojear.
–Homografía: Coincidencia fonética y gráfica de dos palabras distintas. Ej. Pero (sustantivo) y pero (conjunción).
–Homonimia: Coincidencia gráfica de dos palabras que tienen distinto significado. Ej. Tarifa (la ciudad andaluza) y tarifa (de precios).
–Idilio: Poema bucólico de carácter tierno y delicado.

-Ilustración: movimiento intelectual del siglo XVIII caracterizado por la fe en la razón y el progreso y por el interés en la ciencia, lo empírico, el racionalismo y por el rechazo de la religión tradicional.
-Imagen (la): la forma en que se representa una cosa; la visión poética de algo.
-Imprecación: Uso retórico de una maldición.
-Incunable: (Del latín "in-cunabula": cuna) Libro editado por medio de la imprenta antes del año 1500.
-Indigenismo: Corriente cultural latinoamericana que resalta los valores de las culturas indígenas. En literatura, uno de sus principales exponentes fue José María Arguedas.
-Interrogación: Recurso realizado mediante una pregunta de la que no se espera respuesta, con el fin de aumentar la atención de los oyentes del discurso.
-Intertextualidad: Conjunto de relaciones que un texto literario puede mantener con otros.
-Intonso: Libro encuadernado con las barbas de los pliegos sin cortar.
-Intrahistoria: la historia concebida como la experiencia del individuo o de la colectividad ante sus circunstancias históricas.
-Intriga: La trama interna de una HISTORIA.
-Ironía: figura retórica que consiste en dar a entender lo contrario de lo que se dice; también se usa la palabra "ironía" para hablar de una situación en que sucede lo contrario de lo esperado, puede tener un acento humorístico o triste. Cuando se emplea en forma amarga o cruel se le llama sarcasmo.
-Isocronía: Dos o más acontecimientos que suceden simultáneamente en el transcurso del relato.

- Isosilábico: Forma de versificar que asigna a los versos el mismo número de sílabas.
- Isostiquio: Hemistiquio que tiene el mismo número de sílabas que su hemistiquio complementario.
- Jácara: Romance de carácter festivo.
- Jarchas: Poemas medievales escritos en árabe o en hebreo, originarios de Andalucía. Es una de las primeras expresiones literarias españolas (Siglos X y XI).
- Jerga: Manera de hablar o escribir empleando vocablos propios de una profesión, edad, situación (por ejemplo, en la cárcel). Argó.
- Jitanjáfora: Figura retórica que consiste en una construcción ingeniosa y en la que, por lo común, existe una incompatibilidad semántica entre los elementos que la componen. Ej. "Te cantan los pies".
- Juglar: Personaje medieval que se ganaba la vida recitando y cantando cantares de gesta en la plaza pública o en el palacio del señor. Era a la vez acróbata, músico y recitador. En un principio eran ambulantes y posteriormente se establecen en las ciudades populosas. Por extensión, poeta.
- Latinismo: Palabra o expresión latina que se utiliza directamente en español. Ej. "Ad hoc".
- Leit motiv (el): otro término para "motivo"; un elemento repetido en una obra literaria. Puede ser un sonido, una imagen, un símbolo, una situación, etc.
- Lema: Sentencia que pretende regular la conducta humana. Frase adoptada por un grupo u organización como regla básica.
- Leonino: Verso latino usado en la Edad Media, cuyas sílabas finales forman consonancia con las últimas de su primer hemistiquio.

–Letrilla: Un poema de versos cortos escrito para ponerse en música; generalmente consiste en unas estrofas seguidas de un estribillo que repite el tema, generalmente de carácter humorístico o satírico.
–Lexema: Parte invariable de una palabra, en la que reside el significado fundamental de la misma. Ej. Libro en libro, librero, librería, libresco, libraco, etc.
–Léxico: Vocabulario.
–Leyenda: Narración de acontecimientos fantásticos, que se consideran como parte de la historia de una colectividad o lugar. Relato ficticio basado en lo histórico.
–Libelo: Escrito satírico, generalmente de corta extensión, donde se agravia a una persona o grupo. Puede adoptar la apariencia de un estudio serio.
–Licencia: Libertad que tiene el poeta de no sujetarse estrictamente a las reglas gramaticales o prosódicas.
–Lira: Composición poética de cinco versos de distinta medida: el segundo y el quinto, endecasílabos, y el resto heptasílabos (7a-11B-7a-7b-11B).
–Lírica: Género literario que trata de los sentimientos, afectos o ideas. Se contrapone a épica.
–Literatización: Citas de autores, en algunos casos parodiándolos.
–Literatura: Es el arte que se expresa por medio de la palabra escrita u oral.
–Litotes: (Del griego "Litos": pequeño, tenue) Atenuación, figura retórica que consiste en suavizar lo que se quiere expresar o en atenuar la expresión utilizando una forma negativa. Ej. "Usted no está en lo cierto" en lugar de: "Usted se equivoca".
–Loa: Poema breve que celebra las bondades de algún acontecimiento o las virtudes de una persona.
–Logogrifo: Enigma que consiste en combinar las letras de una palabra para que formen otra distinta.

−Macarronea: Composición burlesca donde se mezcla el latín clásico con una lengua vulgar a la que se le aplica terminaciones latinas.
−Madrigal: Poesía tierna y galante de versos endecasílabos y heptasílabos.
−Maldito: Se dice del escritor que se considera una amenaza para la moral de su época porque escribe sobre temas que se tienen por obscenos, blasfemos o que hacen apología del mal. Por ej. Baudelaire (París, 1821-1867) autor de "Las flores del mal".
−Manierismo: Tendencia literaria del siglo XVI de influencia italiana, que se caracteriza por su riqueza metafórica y su artificiosidad.
−Marco escénico: el dónde y el cuándo de una obra dramática.
−Máxima: Sentencia o apotegma que sirve para guiar las acciones morales.
−Meiosis: Mención incompleta de algo para sugerir irónicamente lo que se calla.
−Melodrama: Drama que se representaba acompañado de música instrumental. Obra literaria o cinematográfica cargada de sensiblería vulgar. Comedia sin humor (Carlos Fuentes. Panamá, 1928. "Geografía de la novela").
−Metábasis: Fenómeno provocado por una categoría gramatical cuando funciona en el discurso con una función distinta a la que tiene asignada en el nivel de la lengua. Ej. Convertir el adjetivo "verdes" en sustantivo: "Los verdes defienden la ecología".
−Metáfora: Tropo o figura retórica consistente en la combinación de ideas para realzar su percepción, generalmente por medio del contraste o la comparación implícita o explícita.

−Metaplasmo: Alteración de una palabra mediante la supresión, adición o cambio de algunas de sus letras.
−Metateatro: el teatro dentro de un teatro; un drama cuya técnica principal implica la idea de que la realidad es sólo una representación dramática y las personas reales son como personajes de un teatro.
−Metátesis: Es el cambio de lugar de un fonema en el interior de una palabra. Ej. Cocretas por croquetas.
−Metonimia: (De "meta": detrás y el gr. "Onoma": nombre) Tropo o figura retórica que consiste en designar en sentido figurado una cosa con el nombre de otra relacionada; por ejemplo "La ágil pluma del periodista". Igualmente en literatura clásica, utilizar metafóricamente una palabra por otra; por ejemplo "Liber" por vino.
−Métrica: Arte de estructurar los versos, atendiendo a su medida. Estudio del poema, la estrofa y el verso. Las unidades métricas son: la sílaba métrica, el grupo fónico, el verso, la estrofa y el poema. La unidad de medida de la métrica clásica era el pie.
−Metro: el patrón rítmico de un verso o de un poema.
−Milesios: Al decir de Cervantes "fábulas, que son cuentos disparatados, que atienden solamente a deleitar", en contraposición a los apólogos que no sólo deleitan sino que también enseñan.
−Minimalismo: Denominación de una corriente artística contemporánea, que utiliza la geometría elemental de las formas, en una estrecha relación con el espacio en que se inserta la obra, pues considera que "todo es parte de todo". El minimalismo se fija sólo en el objeto y aleja toda connotación posible, evita cualquier reflejo de la interioridad del artista.
−Mitología: Narración o estudio de los mitos.

–Modernismo: Corriente poética nacida en América a principios del siglo XX, que tuvo importante repercusión en España. Tuvo como característica principal la musicalidad del verso y su más destacado representante fue Rubén Darío. En el Perú lo fue José Santos Chocano.
–Mojiganga: Pequeña obra dramática con finalidad cómica con personajes ridículos extravagantes.
–Monema: Unidad mínima lógica de la lengua. Puede ser léxico (lexema) o gramatical (morfema). Ej. En libros, libr- es el monema léxico de libros, librero etc. y os es el monema gramatical.
–Monografía: Tratado sobre un tema concreto, generalmente parte de otro más general.
–Monólogo: Obra, o parte de ella, en la que sólo habla un personaje. Puede ser interior (si no se expresa) o narrado.
–Monoptongación: Es la reducción fonética de un diptongo a una sola vocal. Ej. "Hasta logo" en vez de "hasta luego".
–Monorrima: Serie de versos con la misma rima.
–Morfema: Monema gramatical.
–Motivo: un elemento repetido en la obra literaria. Puede ser un sonido, una imagen, un símbolo, una situación, etc. También se llama "leit motiv".
–Mozárabe: Dialecto hablado por los cristianos que vivían bajo la dominación árabe de la península ibérica, que dio lugar a la literatura mozárabe.
–Murgas: Composiciones poéticas satíricas que critican acontecimientos o personajes de actualidad para ser cantadas a coro en Carnavales, originarias de Tenerife.
–Narrador: El que narra la acción. Puede hacerlo en primera, segunda o tercera persona, en número singular o plural.

–Narratario: Una figura dentro de la obra literaria que sirve como receptor de lo narrado.
–Narrativo: Un discurso que refiere una sucesión de acontecimientos.
–Naturalismo: Movimiento literario de la segunda mitad del siglo XIX caracterizado por el retrato del ser humano y su circunstancia determinados por la herencia y el medio ambiente; en la obra naturalista se exageran los aspectos feos y tétricos del ser humano que lucha inútilmente por sobrevivir; en el naturalismo la realidad se presenta de forma detallada influida por la investigación científica y se nota un deseo de reforma social.
–Negro: En sentido figurado, persona que se presta a escribir anónimamente textos para ser publicados bajo la firma de otro autor conocido, recibiendo a cambio una cantidad de dinero o un servicio de otro tipo.
–Neoclasicismo: Corriente literaria y filosófica del siglo XVIII, restauradora del gusto clásico. En literatura se basa en la imitación de los clásicos y el predominio de la razón, la serenidad y la moderación como reacción contra los excesos de violencia y de desequilibrio del barroco. El arte neoclásico tiene un fin docente para sostener los ideales éticos, morales y estéticos de la antigüedad clásica. La base artística del neoclasicismo se concentra en la unidad, la claridad, el orden, el decoro, la simetría y lo racional.
–Neologismo: Palabra nueva en un idioma. Puede tener su origen en la transformación de otra existente, o en una lengua extranjera. Por ejemplo: ejemplarizar o garaje.

–Neorrealismo: movimiento literario de mediados del siglo XX que busca en la renovación de las formas realistas un testimonio social.

–Novela bizantina: Novela de aventuras, que se desarrolló en España durante los siglos XVI y XVII. Su tema sentimental donde una pareja de enamorados pasa por las más diversas circunstancias hasta lograr reunirse felizmente.

–Novela de caballerías: Narraciones medievales publicadas en los primeros años de la imprenta, que tienen por objeto divertir relatando las hazañas y aventuras inverosímiles de héroes legendarios e invencibles. Se dice que "El Quijote" fue la última novela de caballerías o la primera novela moderna. Algunas de las más populares fueron: "Libro del esforzado caballero don Tristán de Leonis y de sus grandes hechos en armas" y los catorce libros de "Amadis de Gaula".

–Novela de ciencia ficción: Tiene como argumento principal historias fantásticas, interpretando libremente los hallazgos científicos para proyectarlos en el futuro o en tiempos actuales pero en situaciones desconocidas. Uno de los creadores del género fue Julio Verne.

–Novela de tesis: Es la que se escribe para demostrar o ilustrar determinada teoría o para suscitar un debate ideológico sobre determinada materia, que puede ser social, política, moral etc. Los máximos exponentes de la novela de tesis en España son Benito Pérez Galdós y Emilio Pardo Bazán.

–Novela erótica: Es la que tiene por asunto principal el placer sexual. Dependiendo de las convenciones morales de cada época se puede considerar pornográfica.

—Novela histórica: Novela que tiene por finalidad recrear hechos del pasado haciendo uso de la ucronía.
—Novela morisca: Narraciones en prosa escritas entre los siglos XV y XVI cuyo argumento y espíritu corresponden a los romances fronterizos y moriscos.
—Novela negra: Heredera de la novela gótica del siglo XVIII que se complacía en reproducir hechos morbosos o siniestros. También se llama la novela policiaca. Su argumento lo constituyen historias tenebrosas. Por ejemplo "Frankenstein" de la escritora M. Shelley, y " Sherlock Holmes", de Conan Doyle. En la actualidad, M. Vázquez Montalbán es uno de los más destacados cultivadores de este género en España.
—Novela pastoril: Novela que narra aventuras y desventuras amorosas en ambientes bucólicos. Tuvo gran aceptación en los siglos XVI y XVII.
—Novela picaresca: Modalidad narrativa española que aparece en el Siglo de Oro con "El lazarillo de Tormes" de autor anónimo y se cultiva hasta finales del S.XVII.
—Novela satírica: Ver Sátira.
—Novela: Obra narrativa de ficción escrita en prosa de extensión variable; si no supera, aproximadamente, las ciento cincuenta páginas se la denomina novela corta.
—Objetivismo: imparcialidad, desinterés; en la literatura se refiere a una perspectiva independiente del sujeto que se observa.
—Octava real: Estrofa de ocho versos endecasílabos que riman los seis primeros y los dos últimos, formando un pareado (ABABABCC). / Se denomina Octava Italiana cuando los ocho versos endecasílabos tienen otras variantes de rima.

- Octava: una estrofa de ocho versos endecasílabos de los cuales riman entre sí el primero, el tercero y el quinto; el segundo, el cuarto y el sexto; el séptimo y el octavo.
- Octavilla: Estrofa de ocho versos de arte menor con rima consonante y variedad de rimas.
- Octodecasílabo: Verso de dieciocho sílabas. Ej. "Subido sobre una tarima en la mañana de primavera". (Hijos de la ira. Dámaso Alonso).
- Octosílabo: un verso de ocho sílabas; es el verso del romance muy usado en la poesía popular. Los romanceros medievales están escritos en versos octosílabos.
- Oda: poema lírico de estructura muy desarrollada dedicado a una persona de alta alcurnia, a un objeto, o a un concepto abstracto.
- Onomatopeya: el uso de las palabras que imitan el sonido de las cosas nombradas por ellas. El español es un idioma poco onomatopéyico, sin embargo en inglés hay abundantes ejemplos: ring por timbre, splash por salpicar, etc.
- Órfica: La poesía órfica griega está compuesta por himnos religiosos a manera de letanías, dedicados a distintas divinidades (siglos II y III d. de J.C.). Toma su nombre del mítico Orfeo.
- Ovillejo: Poema de diez versos en el que aparecen tres pareados formados cada uno por un octosílabo y un verso de pie quebrado. Los pareados van seguidos por una redondilla, que sigue la rima del último pareado y en el verso final reúne los tres versos quebrados de los pareados.
- Oxímoron (Oxymoron): Figura retórica que multiplica el sentido de una frase al utilizar dos términos contrapuestos. Por ejemplo: "Mis libros están llenos

de vacíos" (A. Monterroso), o "Los gnósticos hablaron de una luz oscura" (J.L. Borges).
- Paleografía: Ciencia que estudia la grafía o escritura desde la antigüedad.
- Palimpsesto: Manuscrito antiguo que tiene huellas de una escritura anterior. Tablilla antigua donde se podía borrar lo escrito para volverla a utilizar.
- Palíndromo: Frase que puede ser leída en sentido inverso sin sufrir cambios. Por ej. "Adán no calla con nada".
- Palinodia: Composición en verso en la que el autor se retracta de algo.
- Panegírico: Composición en que se elogia a alguien
- Pánico: Movimiento artístico fundado en 1963 en París por tres dramaturgos: el español Fernando Arrabal, el francés Roland Topor. Basado en la filosofía del dios Pan, acepta todas las tendencias, "es el antimovimiento, es el rechazo a la 'seriedad', es el canto a la fatal ambigüedad..." (F. Arrabal).
- Parábola: Narración de un hecho ficticio que, por semejanza, muestra una verdad o enseñanza moral. Muy utilizada por los evangelistas en el Nuevo Testamento.
- Paradigma: (Del latín "paradigma") Paradigmática. Acción ejemplar.
- Paradoja: (Del latín "Paradoxos", lo que va en contra de la opinión pública) Contradicción aparente a la que se llega por medio de la razón. Ej. "El avaro, en sus riquezas, pobre."
- Parafrasear: Coloquialmente, repetir frases de un autor conocido.
- Paráfrasis: Explicación de un texto mediante la amplificación. Traducción libre en verso.

–Paragofe: Metaplasmo que consiste en añadir y/o cambiar una letra al final de un vocablo. Por ej. Felice por feliz.
–Paralelismo: la repetición de patrones sintácticos o sonoros que indican alguna relación de significado entre ellos.
–Paranesis: Palabra empleada por Schopenhauer para exponer una especie de consejos sobre la vida en su obra "Arte de vivir".
–Paranomasia: Semejanza fonética entre dos vocablos muy parecidos pero de significado distinto. Po ejemplo: adoptar y adaptar; lago y lego, jícara y jácara.
–Parasinonimia: Sinonimia. Acumulación de sinónimos para enfatizar una idea. Por ej. "satisfacción, gusto, contento..."
–Parasíntesis: Creación de neologismos por composición y derivación. Ej. Radiotelegrafista.
–Pareado: Estrofa de dos versos con rima consonante. Cuando son versos de arte menor se le denomina aleluya.
–Paremiología: (Del griego "proverbio"): Tratado de los refranes.
–Pariambo: Pie de poesía grecolatina que consta de una sílaba breve y dos largas. Pie de poesía clásica de una sílaba larga y cuatro breves.
–Parnasianismo: escuela poética de finales del siglo XIX que practicaba el arte por el arte. La poesía parnasiana se caracteriza por su objetividad e impersonalidad y el cuidado por la forma. Temas favoritos del parnasianismo son las culturas clásicas y los paisajes y objetos exóticos representados a través de imágenes plásticas estáticas como las estatuas de mármol o marfil o el cisne, etc.

–Parodia: Imitación burlesca de una obra literaria o del estilo de un autor.
–Paronimia: Conjunto de vocablos que forman paranomasia o paronomasia.
–Parónimo: Vocablo que forma paranomasia o paronomasia con otro.
–Pastiche: (Del fr. Pastiche): Imitación o plagio que consiste en tomar determinados elementos característicos de la obra de un artista y combinarlos, de forma que den la impresión de ser una creación independiente. Es lo que se llamaría un plagio, por ejemplo, de una canción para presentarla como propia cuando usa partes de otras. Escribir poesías usando palabras y textos de poetas famosos, y adjudicarlas como propias.
–Pastorela: Especie de égloga de los poetas provenzales, utilizada en la literatura gallega.
–Pausa: Breve silencio entre dos palabras. Pausa estrófica se produce al final de la estrofa. Pausa versal es la que coincide con el final del verso. Pausa media se produce en el interior del verso y puede aparecer o no. Pausa cesura se da en el interior de un verso (siempre compuesto) y lo divide en dos parte iguales o no, de forma que cada una se comporta casi como un verso independiente.
–Pentadecasílabo: Verso de quince sílabas.
–Pentámetro: Verso de la poesía griega o latina compuesto de un dáctilo o un espondeo, de otro dáctilo u otro espondeo, de una cesura, de dos dáctilos y de otra cesura.
–Pentasílabo: Verso de cinco sílabas.
–Perífrasis: Rodeo para expresar una idea. Circunloquio. Por ej. Decir "el príncipe de los ingenios" en vez de Miguel de Cervantes.

–Peripecia: En cualquier composición literaria, acontecimiento repentino e imprevisto que supone un cambio de la situación anterior.
–Perqué: Poesía antigua basada en el empleo de preguntas y respuestas.
–Personificación: Atribuir cualidades humanas a seres inanimados o irracionales. Muy empleado por los fabulistas. Ver Prosopopeya.
–Perspectivismo: el uso de diversos puntos de vista dentro de la narración a fin de mostrar la complejidad de lo que se intenta describir.
–Petrarquismo: Imitación de Petrarca en la literatura europea de los siglos XV y XVI.
–Picaresca: Ver Novela picaresca.
–Pie quebrado: la combinación de versos octosílabos con versos de cuatro sílabas.
–Pie: Unidad de medida de la métrica clásica. Los pies están formados por combinaciones de sílabas largas y breves. Cada uno de los metros que se usan en la poesía castellana.
–Plagio: (Del griego "plagios": engañoso, a través del latín "Plagium": venta de esclavo ajeno). Texto perteneciente a un autor que se hace pasar como propio. Ver: PSU: Lenguaje y Comunicación.
–Pleonasmo: Oración en la que se emplea uno o más vocablos innecesarios por ser obvios. Por ej. "Subí arriba o entré dentro". En algunos casos refuerzan el sentido o le dan cierta gracia. Por ej. "La vi con mis propios ojos". Redundancia viciosa de palabras.
–Poema: Composición literaria perteneciente a la esfera de la poesía. Puede estar escrita en verso o en prosa; en el segundo caso se le denomina prosa poética.
–Poesía pura: poesía interesada en conseguir un esteticismo total a través de la expresión exacta del

significado de las palabras. Se asocia el término sobre todo con la poesía de Juan Ramón Jiménez y su ideal de una poesía que refleje el significado y la forma puros para expresar lo más íntimo del alma del poeta.
–Poesía: Manifestación de la belleza o de los sentimientos por medio de la palabra, que genera determinadas emociones en el lector u oyente.
–Poema: En sentido amplio, idealidad o lirismo que suscita un sentimiento estético por medio de cualquier arte.
–Polimetría: Sistema de versificación que usa versos de diferentes estructuras métricas.
–Poliptoton: Figura literaria que consiste en la repetición de una misma palabra en diferentes funciones gramaticales o con diferentes morfemas.
–Polisemia: Es cuando una palabra tiene varios significados. Ej. "insoluble", que no puede disolverse y también problema que no tiene solución.
–Polisíndeton: Figura retórica que consiste en repetir la misma conjunción en una frase para darle mayor fuerza a la expresión. Ej. "Ni te quiero, ni soy tu mujer, ni me vas a convencer".
–Polisintético: Dícese de las lenguas donde diversas partes de una frase se unen para formar una sola palabra. Muchas lenguas indoamericanas son polisintéticas.
–Prolepsis: Frase en la que se anticipa un suceso posterior alterando el orden de los conceptos. Ej. "Muramos y lancémonos en medio del combate".
–Prólogo: (Del griego "pro": antes y "logos": discurso): Texto que precede una obra, con el fin de presentarla o explicarla.
–Prosa: Forma natural del lenguaje para expresarnos.

—Prosodia: Parte de la gramática que enseña la correcta pronunciación de las palabras.
—Prosopopeya: Atribución de cualidades humanas a seres inanimados o animales. Recurso empleado generalmente en las fábulas. Ver Personificación.
—Prótasis: Exposición del poema dramático.
—Prótesis: Metaplasmo que consiste en aumentar letras al principio de un vocablo. Por ej. "emprestar".
—Proverbio: Sentencia, adagio o refrán, expresado en pocas palabras. Obra dramática basada en un proverbio.
—Quiasmo: Figura literaria que consiste en ordenar dos sintagmas con elementos cruzados. Ej. "...tantos pendones blancos de roja sangre brillar". (Poema de Mío Cid).
—Quinteto: Estrofa de cinco versos de arte mayor consonantes, rimando a gusto del poeta, con las siguientes limitaciones. No puede quedar ningún verso suelto. No pueden rimar más de dos versos seguidos. Los dos últimos versos no pueden formar un pareado.
—Quintilla: Estrofa de cinco versos de arte menor. La Quintilla Doble es la reunión de diez versos octosílabos, cuya rima se aproxima a la décima del siglo XVI.
—Realismo: escuela literaria o artística que busca la representación de la realidad de la vida cotidiana mediante la observación y la descripción objetiva. Uno de sus principales seguidores fue Dostoievski. En la España de posguerra se desarrolló una literatura llamada "realismo social".
—Redacción: La palabra redacción, proviene del latín "Redigere": poner en orden, organizar. Acto y efecto de redactar.

–Redondilla: Estrofa de cuatro versos de arte menor que riman el primero con el cuarto y el segundo con el tercero (ABBA).
–Redundancia: Repetición de una información ya dada en el mensaje, sin intención literaria.
–Refrán: Frase que recoge la sabiduría popular y sirve para alertar sobre algo o ilustrar un comportamiento social. Ej. "Camarón que se duerme se lo lleva la corriente".
–Regionalismo: corriente literaria a la cual pertenecen las obras costumbristas.
–Renacimiento: Movimiento cultural europeo que desencadena el paso de la Edad Media a la Edad Moderna, en el que predominó el humanismo.
–Resumen: Técnica relacionada con el RITMO narrativo mediante la cual un período amplio del TIEMPO DE LA HISTORIA ocupa, por síntesis, una dimensión reducida en el TIEMPO DEL DISCURSO. También recibe el nombre, entre algunos autores, de PANORAMA.
–Reticencia: Figura retórica que consiste en dejar en suspenso el enunciado por considerarlo obvio. Ej. "Fulano es un triunfador, mientras que yo... no tienes más que mirarme".
–Retórica: Arte del bien decir con el fin de darle al lenguaje escrito y hablado eficacia para persuadir, describir o representar.
–Retrospectiva: flashback.
–Retruécano: Juego de palabras, generalmente intercambiándolas de lugar en la frase. Ej. "Nosotros olvidamos al cuerpo, pero el cuerpo no nos olvida a nosotros.
–Rima: Coincidencia acústica parcial o total entre dos o más versos, de los fonemas situados a partir de la última vocal acentuada. Rima consonante o total, si

incluye consonantes y vocales. Rima asonante o parcial si sólo coinciden las vocales. Por extensión, poema.
- Ripio: Palabra inútil que sólo sirve para completar forzadamente un verso.
- Ritmo: Es el orden acompasado en la sucesión de las palabras de una obra literaria. En el verso se produce por la repetición periódica de pausas, de acentos, y de ciertos fonemas situados al final de cada verso.
- Romance: poesía popular de versos octosílabos con rima asonante en los versos pares, quedando sueltos los impares. Varios autores de siglo XX también usan la forma del romance para fines cultos.
- Romancero: una colección del romances; los romances de la tradición oral se recopilaron en el Siglo XVII bajo el título de "Romancero General".
- Romancillo: Romance de versos hexasílabos.
- Romanticismo: Movimiento literario de finales del siglo XVIII, que es expresión del individualismo y liberalismo. Se caracteriza por exaltar todo lo subjetivo en general y en particular los sentimientos. El poeta Gustavo Adolfo Bécquer es uno de sus principales representantes.
- Saeta: Composición dedicada a la Virgen o a Cristo que se canta en Semana Santa, principalmente en Andalucía, de "entonación grave, pausada, lúgubre y casi monótona, dejando como en suspenso la cadencia final" (José María Sbarbi).
- Saga: Relato novelesco que abarca las vicisitudes de más de dos generaciones de una familia.
- Sainete: Obra teatral jocosa en un acto sobre costumbres populares españolas, que se representaba normalmente como intermedio de una función o al final. También podía ser representada

como obra independiente, y en este caso incluía varios actos.
- Salmo: Composición que contiene una alabanza a Dios.
- Sátira: (Del latín "Saturae"): El origen del género satírico se encuentra en los griegos, principalmente los filósofos cínicos que emplearon la burla literaria para criticar las costumbres y en los comienzos del teatro en Roma con las "saturas dramáticas", que mezclaban cantos, música y mimo.
- Secuencia: Unidad intermedia identificable en un DISCURSO narrativo, dotada de coherencia interna pero no autónoma, sino integrada en un conjunto superior. Se suele relacionar con la articulación lógica del relato, y así algunos autores como Paul Larivalle distinguen cinco secuencias fundamentales: Situación inicial, Perturbación, Transformación, Resolución, y Situación final. Frecuentemente, sin embargo, se emplea en el análisis narratológico en su acepción cinematográfica.
- Seguidilla: Composición poética del siglo XV, que consiste en una copla de cuatro versos de los cuales el primero y tercero son de siete sílabas y el segundo y cuarto son de cinco sílabas, con rima asonante abab.
- Séptima: Composición de siete versos de arte mayor utilizada en la Edad Media.
- Serranilla: Composición poética de arte menor de tema popular. El Marqués de Santillana cultivó el género.
- Serventesio: Cuarteto de arte mayor, que riman el primero con el tercero y el segundo con el cuarto (abab).
- Seudónimo: Nombre falso que un autor utiliza al firmar sus obras para ocultar su identidad.

–Sexteto: Estrofa de seis versos.
–Sextilla: Estrofa de seis versos de arte menor.
–Sextina: Composición de seis versos endecasílabos que riman en consonante alterna los cuatro primeros y forman un pareado los dos últimos.
–Siglo de oro: Etapa de plenitud artística y literaria en España que se inicia en el siglo XVI con el Renacimiento, y que dura hasta finales del siglo XVII con el Barroco.
–Significado: el concepto o la idea señalado por un signo lingüístico; el signo mismo se llama significante.
–Significante: el signo lingüístico que confiere el significado.
–Sílaba: Letra o conjunto de letras en cuya pronunciación se emplea una sola emisión de voz.
–Silepsis: Frase donde se establece la concordancia de acuerdo al sentido y no a las reglas gramaticales. Por ej. Vuestra majestad está equivocado (de género). Figura que consiste en emplear una palabra en sentido recto y figurado. Por ej. Te pondrás más fresca que una flor.
–Silva: Serie de versos en la que se combinan los de siete y los de once sílabas, enlazados por rima consonante y versos libres.
–Simbolismo: corriente poética de fines del siglo XIX caracterizada por la vaguedad de tema, el subjetivismo, el uso de símbolos para evocar las emociones, el verso libre y los efectos musicales; surgió como reacción al realismo y naturalismo y a la objetividad del parnasianismo.
–Símil: Recurso lógico para expresar los pensamientos con todos sus matices, por medio de la comparación; siempre se usa la palabra "como" para establecer la comparación.

–Sinalefa: Se produce cuando una palabra de un verso termina en vocal y la sigue otra que empieza en vocal, constituyendo una sola sílaba métrica.
–Síncopa: Metaplasmo que consiste en suprimir una o más letras de la parte central de una palabra. Ej. "Navidad", en vez de Natividad.
–Sinécdoque: Tropo que consiste en referirse al todo mencionando una parte, o designar la materia que forma una cosa o uno de sus atributos en vez de la cosa misma. Por ej. Referirse al balón de fútbol como el esférico o el cuero.
–Sinéresis: Diptongar las vocales de dos sílabas de la misma palabra o de palabras contiguas en una sola sílaba. Por ej. (En Sudamérica) to-a-lla por "toa-lla", (que pronunciada puede sonar "Tualla"). En poesía se considera una licencia poética.
–Sinestesia: tropo o figura retórica que consiste en la descripción de una experiencia sensorial en términos de otra; por ejemplo, "el amarillo olor del cloroformo".
–Sinonimia: (Del latín "Synonymia"): Figura que consiste en utilizar sinónimos seguidos para amplificar o reforzar la expresión de un concepto. Por ej. "Linda, guapa, bellísima".
–Sinopsis: Resumen de una obra literaria.
–Soleá: Estrofa de tres versos de arte menor. Rima en asonante el primero con el tercero quedando el segundo libre. Cante flamenco.
–Soliloquio: Reflexión en voz alta y a solas.
–Sonetillo: Variante del soneto consistente en el empleo de arte menor.
–Soneto: Composición poética de catorce versos endecasílabos distribuidos en dos cuartetos y dos tercetos; generalmente la rima es consonante de ABBA en los cuartetos y de CDE en los tercetos.

–Subjetivismo: predominio de la reacción personal; define el objeto en términos del sujeto que lo observa.
–Surrealismo: movimiento literario y artístico de los años 20 y 30 que intenta expresar el pensamiento puro con exclusión de toda lógica o preocupación ética; los surrealistas buscaban sobrepasar la realidad convencional para explorar los límites entre lo racional y lo irracional. Para exteriorizar la realidad del subconsciente, su arte poético incluye la libre asociación de imágenes imprevistas, desordenadas y aparentemente incongruentes de manera que refleje la casual sucesión de hechos y memorias de los sueños.
–Tabú: Asunto censurado socialmente al que se alude por medio de circunloquios y utilizando eufemismos. Por ej. El sexo.
–Tautograma: Composición en la que todas las palabras empiezan por la misma letra. Por ej. "Mi mamá me mima mucho".
–Tautología: Repetición innecesaria del mismo concepto.
–Teatro del absurdo: obras teatrales de la segunda mitad del siglo XX cuyo tema se relaciona con la filosofía existencialista; se caracterizan por el abandono de la lógica en cuanto a la forma, la caracterización de los personajes y el diálogo para representar lo absurdo de la existencia humana.
–Telenovela (Siglas): Serie en vídeo prevista para ser emitida por televisión en forma de entregas periódicas, en la que el argumento se basa casi exclusivamente en sentimientos pasionales de amor, odio, desengaño y venganza. (Ver culebrón).

- Tema: la idea central de una obra literaria o el mensaje del texto. Por ejemplo, religioso, bélico, policial, filosófico, etc.
- Tercerilla: Poema de tres versos de arte menor.
- Terceto: Estrofa de tres versos de arte mayor o menor. Combinación de tres versos endecasílabos que riman el primero con el tercero quedando suelto el segundo (ABA)
- Tetradecasílabo: Verso alejandrino.
- Tetralogía: Conjunto de cuatro obras dramáticas.
- Tetrasílabo: Verso de cuatro sílabas.
- Tetrástrofo monorrimo: Quaderna Via.
- Título: Elemento fundamental del PARATEXTO de una novela, en cuanto es su primera frase y suele aportar signos capitales para la comprensión de su estructura y significado.
- Tmesis: División de una palabra mediante una pausa final de verso. Ej. "Y mientras miserable- / mente se están los otros abrasando /". (Fray Luis de León. Belmonte, "A la vida solitaria").
- Togatae: Comedias con técnica griega y argumento latino.
- Tonadilla: Pieza de teatro corta y ligera que se cantaba en los entreactos o fines de fiesta.
- Tónico: Fonema con acento de intensidad.
- Tópico: Tema o asunto.
- Tradición: Acontecimientos transmitidos oralmente de generación en generación.
- Tragedia: (Del griego "Tragoodia", a su vez de "tragos": macho cabrío que se sacrificaba, y "Oodee": canto que se realizaba en honor de Baco) Poemas dramáticos sobre personajes ilustres para ser representados en público. Un género dramático de tema grave que provoca terror y compasión en el público y en que por lo general muere el héroe.

–Tragicomedia: Tragedia con incidentes cómicos, que por lo general termina en comedia.
–Trama: Estructura del argumento.
–Tremendismo: una corriente literaria de los años 40 en España caracterizada por el afán de testimoniar los aspectos más tétricos de la realidad social mediante la descripción de escenas grotescas y violentas.
–Treno: Canto fúnebre.
–Trilogía: Conjunto de tres obras trágicas presentadas a concurso en la Grecia clásica. Conjunto de tres obras del mismo autor entre las que existe una relación o se ocupan del mismo tema.
–Trímetro: Verso formado por tres metros (medidas) diferentes.
–Trisílabo: Verso de tres sílabas.
–Tropo: un trueque retórico en que se emplea una palabra con diferente sentido del que generalmente tiene; expresión figurada. Los tropos principales son: la metonimia, la sinécdoque, la metáfora, la alegoría y el símbolo.
–Troqueo: Pie de poesía griega y latina de dos sílabas, una larga y la segunda corta.
–Trova: Canción compuesta y cantada por los trovadores medievales.
–Trovador: Cantautor medieval cortesano. Se distinguían de los juglares en que los trovadores normalmente interpretaban composiciones líricas compuestas por ellos mismos, tenían una cultura más elevada, mejor posición social y no se ganaban la vida con sus trovas.
–Ucronía: Reconstrucción lógica de episodios históricos, dando por supuesto acontecimientos no sucedidos, pero que pudieron haber ocurrido. Procedimiento empleado en la novela histórica.

- Ultraísmo: corriente literaria iniciada por Jorge Luis Borges y otros escritores latinoamericanos y españoles que favorecía una renovación radical de la técnica y el espíritu poéticos y buscaban una poesía basada en la imagen, con carencia de retórica y sentimentalismo.
- Vanguardismo: término utilizado para señalar la doctrina estética de la primera mitad del siglo XX que aboga por experimentar con nuevos temas y nuevas técnicas a fin de innovar la expresión literaria; el cubismo y el ultraísmo son movimientos experimentales del vanguardismo.
- Vate: Poeta.
- Versículo: Verso que carece de rima y de acentos regulares.
- Verso libre: una forma poética caracterizada por la falta de rima y de métrica regular.
- Verso vuelta: Es el verso que anuncia con su rima la repetición total o parcial de determinados versos a lo largo de todo el poema. Recurso muy utilizado en los villancicos.
- Verso: la unidad de la versificación; palabra o conjunto de palabras sometidas a cierta medida y ritmo; cada uno de los renglones de un poema.
- Versos de cabo roto: Versos rimados pero con la última silaba suprimida. Por ejemplo: "Advierte que es desati / siendo de vidrio el teja / tomar piedras en la ma / para tirar al veci /".
- Versos libres: Los que no tienen rima ni métrica. Gran parte de la poesía moderna está escrita en versos libres. En estos versos el ritmo se consigue mediante la disposición de las palabras, estructura sintáctica, etc.
- Versos sueltos: Poemas donde aparecen todos los ritmos (cantidad, intensidad y tono), a excepción del

ritmo del timbre, no tiene rima. Se comenzó a utilizar a partir del siglo XVI.
–Villancico: Composición popular de arte menor, similar al zéjel, habitualmente dirigida al niño Jesús para ser cantada en Navidad.
–Yámbico: Verso cuyo pie puro es un yambo. En la métrica española y francesa, dícese de un verso compuesto por pies que tienen una sílaba átona después de una tónica.
–Yambo: Pie de poesía griega y latina de dos sílabas, la primera breve y la segunda larga. Poesía injuriosa creada por Arquíloco de Paros (Ha. 650 a. C.).
–Yuxtaposición: Asíndeton.

## Bibliografía

*Alonso, Dámaso: Poetas españoles contemporáneos. Gredos, 1978*

*Aristóteles: Poética, Ed. Gredos, 1988*

*Bozal, Valeriano: El lenguaje artístico. Península, 1970*

*Brines, Francisco: Escritos sobre poesía española contemporánea. Pre-textos, 1994*

*Calvino, Italo: Seis propuestas para el próximo milenio, Ed. Siruela, 1999*

*Campo Villegas, Gabriel: Cómo aprender a escribir literariamente. Ariel 1985*

*D'Addario Miguel. Cómo escribir tus propios cuentos. 2017*

*De Luque, María: Puedo escribir poesía. Consejería de Educación y Ciencia de Málaga,*

*Eliot, T. S.: Sobre poesía y poetas, Icaria, 1992*

*Kohan, Silvia Adela: Cómo se escribe poesía, Círculo de lectores, 2000*

*Lapesa, Rafael: Introducción a los estudios literarios. Cátedra, 1981*

*Moreno, Víctor: Va de poesía: propuestas para despertar el deseo de leer y escribir poesía, Pamiela, 1999*

*Navarro Tomás, T.: Los poetas en sus versos: desde Jorge Manrique a García Lorca, Ariel, 1983*

*Rilke, Rainer María: Cartas a un joven poeta, Alianza Ed, 1980*

*Rojamaro, Rosa: Poemas sobre escribir poemas. Málaga digital S.L., 2000*

*Antología completa de la poesía española del s. XX. Castalia, 1997*

*Lírica española de hoy, Cátedra 1975*

*Antología del grupo poético de 1927, Cátedra, 1976*

*Expresión escrita, Biblioteca de recursos didácticos Alambra, 1987*

*Yurkievich, Saúl: Fundadores de la nueva poesía latinoamericana, Ariel, 1984*

*Julio Casares: Diccionario ideológico: Ed. Gustavo Gili, 1994*

*María Moliner: Diccionario de uso del español, Madrid, Gredos.*

*Diccionario de sinónimos y antónimos, Madrid, Espasa Calpe, 1999*

*Roland Barthes y otros: Escribir ¿por qué? ¿Para quién?, Monte Ávila Editores*

*Roland Barthes: El placer del texto, Ed. Siglo XXI (México)*

*Bioy Casares: A la hora de escribir, Tusquets Editores*

*Jorge Luis Borges y Osvaldo Ferrari: Diálogos, Ed. Seix Barral*

*Ray Bradbury: Zen en el arte de escribir, Ed. Minotauro*

*Daniel Cassany: La cocina de la escritura, Ed. Anagrama*

*Marguerite Duras: Escribir, Ed. Tusquets*

*Ricardo Gullón: García Márquez o el olvidado arte de contar, Ed. Taurus*

*Cicerón: Retórica, Ed. Bosch*

*John Gardner: Para ser novelista, Ed. Ultramar*

*Augusto Monterroso: Viaje al centro de la fábula, Ed. Era*

*Vladimir Nabokov: Curso de literatura europea, Ediciones B*

*Fernando Pessoa: Sobre arte y literatura, Ed. Alianza*

*D. H. Lawrence: Un modelo de técnica narrativa, Universidad de Salamanca*

# Cómo escribir tus poesías
## Técnicas, métodos y recomendaciones

## Miguel D'Addario
### Autor

Cómo escribir tus poesías  *Miguel D'Addario*

Primera edición
CE
2017

**Cómo escribir tus poesías**    *Miguel D'Addario*

www.ingramcontent.com/pod-product-compliance
Lightning Source LLC
Chambersburg PA
CBHW050204230526
45470CB00001B/225